世界建筑史丛书

巴 洛 克 建 筑

〔挪〕克里斯蒂安·诺伯格－舒尔茨　著

刘念雄　译

中国建筑工业出版社

本书荣获第13届中国图书奖

　　巴洛克时代16世纪末诞生在罗马，它迎来了一个新的繁盛的艺术时代，并且成为整个17世纪到19世纪早期的主导。借助罗马教皇发动宗教改革运动的推动力，它从意大利传播到法国以及其他欧洲国家。意大利的伯尼尼和波罗米尼，法国的勒诺特雷和芒萨尔，英国的雷恩和琼斯，为这种以华丽和装饰、设计粗犷、偏爱在直线上使用曲线为特色的建筑提供了宏伟的实例。本书的各章集中讨论了城市的发展、教堂和宫殿的演变，同时还包括了注释和丰富的参考书目。

目　录

作者的话

　　在本书中,我们针对巴洛克建筑复杂整体中的某些方面作了详细分析讨论。在有限的篇幅中,不可能对巴洛克建筑做一个充分的图解阐述。因此,我们把注意力集中在空间构成分析方面,把空间理解为人的基本存在维度之一。用这种方法,阐明巴洛克建筑的一般意图和区域变化,同时解释它在16世纪意大利艺术风格建筑中的根源。本书涉及的时间为16世纪最后20年至30年和17世纪的大部分时间。由于建筑和建筑类型不能从一个比较复杂的文脉中孤立出来加以适当理解,因此,我们在阐述当中也包含了城市尺度。事实上,在巴洛克建筑中,单一的元素在很大程度上受到它们组成的"系统"决定。

　　笔者真诚地感激那些曾经提供写作灵感,以及在写作中予以帮助或者直接参与讨论的人士,尤其是汉斯·泽德尔迈尔(Hans Sedlmayr)教授、保罗·波尔托盖西(Paolo Portoghesi)教授、维尔纳·哈格尔(Werner Hager)教授、鲁道夫·威特科尔(Rudolf Wittkower)教授、施塔尔·辛德林－拉森(Staale Sinding-Larsen)教授、朱利奥·卡洛·阿尔甘(Giulio Carlo Argan)教授和费迪南德·舒斯特(Ferdinand Schuster)教授。笔者也要感谢卡洛·皮罗瓦诺(Carlo Pirovano)博士,他负责本书的制作。笔者还要感谢那些帮助收集传记和著作目录资料的人士。最后,特别感谢马尔恰·贝格(Marcia Berg)夫人,她录入并更正了本书原稿。

克里斯蒂安·诺伯格－舒尔茨

第一章　巴洛克时代

一、巴洛克和巴洛克建筑

一般认为，17世纪具有前所未有的多样性。中世纪的统一和等级规律早在文艺复兴时期已经瓦解，一种新的选择元素已经引入到了人们的生活中。"在中世纪的宗教制度下，它是确立在经院哲学中，所以，现实中的每一个阶段都被指派到唯一的场所；同时，它的场所也成为其价值的完全决定因素，这种价值以一种较大或较小的距离为基础，这种距离把它与最初的动机分开。毫无疑问，在所有的思想中，意识被这种不可侵犯的秩序所掩蔽，这种秩序思考的不是如何创造，而仅仅是接受。"[1]然而，随着人文主义时代的到来，需要面对的是有关自由的问题，在佛罗伦萨，它获得了社会和政治基础。1428年，在南尼·斯特罗齐的葬礼上，莱昂纳多·布鲁尼（Leonardo Bruni）演讲说："平等自由对所有的人都存在，赢得较高职位和升职的希望对所有的人都是相同的。"即使在此前一百年，佛罗伦萨已经由多数人来指定他们的地方官员，在这一点上走得很远了，中世纪的绝对制度因此被一种活跃的政治生活所代替，这为人性研究（studia humanitatis）建立了一个新基础。

然而，万物秩序的思想并没有被文艺复兴所放弃，而是基于几何和音乐协调得到了一种新的解释，引进了一种新的价值尺度，对于任何事物，根据它的"完美"程度指定一个场所。[2]"在这个框架之内，人有选择的自由，正如在比科·德拉米兰多拉（Pico della Mirandola）关于创造的著名解释："因此，他把人作为不确定性质的创造者，同时，给他在世界的中间指定一个场所，这样来定位他：我们没有给你固定的住处，也没有给你独立的形式，更没有给你特殊的功能，亚当，到头来，根据你的渴望和你的判断，你可以拥有住处、形式以及你所希望的功能……。你应该有力量退化到生命的较低形式，也就是野兽。你应该有力量，通过灵魂的判断，再生到更高形式，这就是神。'"[3]

但是，文艺复兴在协调和有意义的世界中的自由观念并没有持续多久。伊拉斯谟（Erasmus）和路德（Luther）对此提出异议，他们对自由和"人的高贵"表示怀疑，1545年，哥白尼（Copernicus）把地球从世界的中心移走了[4]，佛罗伦萨文明的政治基础因此而崩溃了，教堂的分裂也对统一与绝对世界的分裂表示认可。16世纪，新的多样性被体验成一道恐惧的裂痕，它让人感到怀疑与疏远。普遍的观念在现象中找到了它的艺术显现，这种现象经常在"手法主义"的标签下集中到一起，在米开朗琪罗的悲剧世界中，它以非凡的强度涌现出来。

"主啊，揭开你的面纱，推倒这堵墙，它的厚度延迟了光，来自太阳的光，使世界上什么也看不见。"

16世纪末期，这种态度已经转变了。笛卡儿（Descartes）的事例特别具有启发性。在发现每件事都值得怀疑之后，他得出了结论：他自己的怀疑是一种思想，这种思想代表唯一的必然性！"仔细检查我是什么，可以发现，我能假装我没有任何身体，我不在任何世界或者场所，但是，有一点我不能做到，那就是我不能假装我不存在，恰恰相反，根据事实，我想到了怀疑其他事物的真理，它明显而必然地遵循这一点，那就是，我是存在的……"[5]以这种必然性为基础，他继续构筑了一个全面系统的"事实"。"笛卡儿伟大的创造力，加上那些使他得以避免蒙田（Michel de Montaigne，1533—1592，法国思想家、作家和怀疑论研究者——译者注）与其他怀疑论者结论的原因在于，他不是考虑怀疑的目标，而是把怀疑的行动从事物本身的外部分离出来，用这种方法，来使怀疑论者失利。"[6]

然而，17世纪的一般精神很少拥有这种创造性。人们宁愿在当前的选择中通过一种选择来寻求安全，事物的新状态依然接受，旧的统一世界已经永远失去。但是这并不意味着矛盾已经结束，实际上，由于旧世界的分裂，使30年的战争达到顶点，并且在17世纪上半叶使中欧大部分地区陷于瘫痪。但是，再也没有人信仰旧秩序的再建立，人们再一次开始向前看。因此，17世纪的新世界可称为"多元论"，它让人在不同的选择中选择，选择他们的宗教、哲学、经济或政治。所有的选择概括为我们在笛卡儿思想中找到的目标：达到一个完全而安全的系统，这个系统以演绎或教条主义公理为基础。人需要绝对的安全，同时他能从复原的罗马教堂传统中找到它，也能在一个改革派中找到它，这个改革学派全部都是基于对圣经绝对真理话语的信仰，存在于笛卡儿、霍布斯（Hobbes）、斯宾诺莎（Spinoza）或莱布尼茨（Leibniz）伟大的哲学系统中，或者存在于绝对君主政体的"依据君权神授"之中。这种态度是最自然的，事实上，它代表不同却是类似的企图，也就是建立已经失去的世界的替代品。

尽管有新的多元论，我们还是可以认为17世纪是一个统一的时代——巴洛克时代。这样做，我们既不是激起一种神秘的"时代精神"，也不是仅仅涉及"风格相似性"，在我们头脑中有基本的人性态度，尽管可以有不同的选择，但是这种人性态度依然流行，用达朗贝尔（D'Alembert）的术语，就是系统精神（esprit de système）。[7]通过自由选择，人们构造自己生活的可能性已经极度扩展，至少在理论上是这样；在实际中，这种选择可能受到当时的形势所限制。换句话说，所有的

图 1 巴黎,1740 年以来的城市和郊区地图

选项并非在任何场所都能得到,而是受到特殊地理区域的限制,它的一般分布在 30 年战争之后已经确定下来。[8] 因此,17 世纪的人类群体经历了某种迁移,例如,1685 年,于格诺教徒(the Huguenots)被从法国驱逐。虽然他们与特殊的"区域"相关,但是这种系统在一定意义上是"开放"的,并非一个单体,他们的传播十分重要,同时,动态的、离心的特点也变得普遍。然而,只有与中心相关,传播才是有意义和有效的,它代表系统的基本公理与属性。宗教、科学、经济与政治中心是辐射力的焦点,从中心自身来看,这些力没有任何空间限制。

因此,17 世纪的系统有开放和动态的特点。从一个固定点开始,它们能够无限扩展。与无限的新关系首先出现在焦尔达诺·布鲁诺(Giordano Bruno)的著作中,他说:"无限的空间有无限的潜力,而且,这种无限的潜力能够赞美为存在的无限作用",然后,他继续设想世界的多元性:"有无数个太阳,也有数不清的行星围绕这些太阳……"[9]在这个无限的世界中,运动和力最具重要性。相关的思想 100 年后也出现在莱布尼茨的哲学中;同样,在笛卡儿更简单而且更理性的世界中,我们找到了这种思想:空间扩展是所有事物的基本特征,它们的区别在于运动方式的区别。因此,几何学是理解世界的适当工具。而文艺复兴的几何秩序所控制的世界是封闭和静态的,巴洛克思想使之变成了开放和动态的世界。

因此,我们可以理解,巴洛克现象表面上看似矛盾的方面——系统化和动态性——形成了一个有意义的整体。属于一个绝对与综合却又开放与动态的系统的要求,是巴洛克时代的基本观点。

这种观点受到这个时期特定成就的滋养。探险旅行(打开了一个越来越广阔的世界),开拓殖民地(为欧洲的多元论社会和文化拓展边境),科学研究(代替了传统协调和完美程度观念中的经验主义学习和研究)。[10]这种普遍扩展已经作为一种必要性,与人类活动的日益专门化密切相关;所有学科和所有活动都不得不定义自身的领域范围。在我们的文脉下,重要的是指出艺术与科学统一性的分裂,而艺术与科学的统一性曾经是文艺复兴人类世界(uomo universale)形成的基础。艺术家再也不敢同时作为哲学家和科学家,由此带来的后果是艺术理论在 17 世纪失去了动力。事实上,如果我们试图了解巴洛克建筑师的意图,我们必须从以前或者以后几个世纪的论文中去推断。[11]而不是追踪"一般人"的思想,因此,巴洛克时代在社会阶层中给每个人指派了一个固定的场所。在某种程度上,他能选择自己更理想的系统,但是他自身的场所很少被包括在内,巴洛克时代的社会仍然是封闭的。

实际上,没有其他时代在同等程度上把生活形式可视化或者明显化作为目标。说服是最基本的手段,它被所有的系统用来建立他们选择的效果(operant)。科学与哲学当然应该论证而非说服,但是,即使笛卡儿使用一种"普通的"语言,以他自己的生活开始他的论述,以此来打动读者的同情心,引起他们的注意,但事实上,"笛卡儿的最终目标还是要说服人,在重建世界的任务中存在一种方法,而他的方法是独立有效的方法。这就是说,他的方法是根本的行为手段。"[12]在原则上脱离了科学的实证,宗教变得比以往任何时候都更加依赖说服。这已经被圣依纳爵·罗耀拉(St. Ignatius Loyola 圣依纳爵天主教耶稣会创立人——译者注)意识到,并且激发了他的"精神活动",这种精神活动首先用简明的西班牙语写下来,它的目的是借助于想像和移情来以模仿救世主为目的。后来,罗马教堂的视觉形象变得特别重要,它被用来作为一种说服的手段,并且,"主教将仔细地讲授:借助于神秘的由油画或其他表现手段描绘的赎罪故事,人们在记忆的习惯中得到了教诲和证实,而且宗教信仰在头脑中连续不断地回旋……"[13],即使是在新教教堂中,也同样使用普通语言与圣乐来进行布道。[14]最终,在绝对的君主政体下,利用伟大的节日与祭祀活动来显现系统的荣耀。

说服以参与为目的。事实上,巴洛克世界可以当成一个大剧场,每一个人都扮演一个特殊的角色。然而,这种参与预示想像,这种才能需要借助艺术教育才能获得。因此,艺术在巴洛克时代最具重要性。它的图像是一种交流的手段,比逻辑的论证更加直接,进而,更容易被未受教育者接受。因此,巴洛克的艺术专注于生动的图像,包括现实和超现实的图像,而非专注于"历史"与绝对形式。笛卡儿说:"神话故事的魅力唤醒头脑。"一般目标是促成一种生活方式,这种生活方式能够与系统相一致。因此,艺术变得拘泥于形式,并且在学院中制度化。[15]然而,与此同时,巴洛克艺术的特点提出了体验的"现象化",它使人更意识到自身的存在。巴洛克的参与本来应该保护系统,然而最后却导致了它的分裂。

二、巴洛克建筑的任务

为了描述巴洛克时代人的基本观念和生活形式,我们已经使用了诸如"系统"、"集中"、"扩展"和"运动"等术语,所有这些术语也同样能用于描述巴洛克建筑。如果我们面对巴洛克与巴黎郊区的地图,我们发现,1740年以来整个景观变成了一种中心化的系统网络,这种系统在理想上可以无限扩展。他们大多数来自17世纪。在一个日渐扩大的

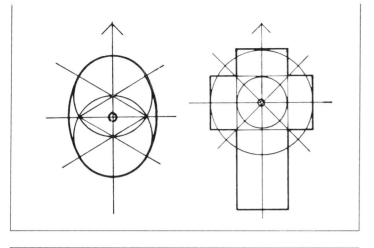

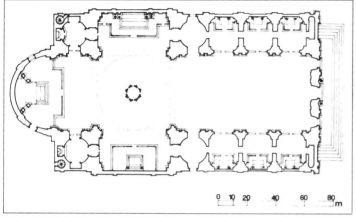

图4 巴洛克教堂的基本类型,拉长
的中心化平面和中心化的纵
向平面
图5 贾科莫·达·维尼奥拉,罗马,
耶稣教堂,平面(引自《建筑与
城市规划百科词典》)
图6 贾科莫·德拉波尔塔,罗马,耶
稣教堂,立面

文脉下,巴黎成为了一个均匀系统的中心,包括整个法国在内。如果我们在同一地图上使用放大镜,我们会发现,单一元素与建筑使用了均匀的模式进行组织。事实上,几乎没有其他历史阶段能够如此明显地表明生活形式与建筑和环境之间的对应。这种对应理解起来非常容易,只要我们记住世界被认为具有这样的基本特征,即它有一个规则的几何扩展。这种扩展通常被称作"意义的中心",也就是体现生活形式基本"信条"的场所。由于与这个焦点有关,人的存在才变得有意义,空间表达是通过可能的运动系统或者汇聚在中心的"道路"来实现的。

文艺复兴建筑在组织中心化模式方面也非常重要,它表现在建筑与"理想城市"平面中。然而,文艺复兴的中心化有静态和封闭的特点。这个系统从来不超越到明显界定的范围之外,同时各种元素在景观上仍然是孤立的,他们同样有明确的个性。然而,巴洛克系统中的元素让自己相互作用,并且服从一个占主导地位的焦点。16世纪,文艺复兴空间的静态协调遭到破坏,与此同时,对运动与对比、内部空间和外部空间的新关系却表现出强大的兴趣。[16]

虽然巴洛克建筑许多基本的形式结构在16世纪继续得到发展,但手法主义建筑并没有形成真正的类型。[17]这个世纪更应当视为一个不间断的实验,反映了这个时代人们普遍的怀疑和不安全感。

然而,到16世纪末,一种明确的系统化愿望日渐明显。它始于罗马,随着天主教教堂复原作品的完成而表现出来。它的基础是宗教,它的目标是赋予罗马这样一个角色——天主教世界占主导地位的焦点。因此,自然而然地,"转折点"通过城市层面上的作品而得到标识。1585年,教皇西克斯图斯五世为罗马城市改建引入了一个宏伟计划。[18]

1585年,在费利切·佩雷蒂红衣主教蒙塔尔托登上西克斯图斯五世教皇宝座之前,罗马的基本平面构思已经形成。他让他的总建筑师多梅尼科·丰塔纳(Domenico Fontana)立即投入工作,1586年,第一条宏伟的新街道费利切大道(今天称为西斯蒂纳大道)建成,平面规划的主要目标是利用宽阔笔直的街道来连接城市主要的宗教焦点。丰塔纳写道:"我们的主,现在希望为那些受奉献或者誓约激励的人提供一条便捷的道路,以便经常访问罗马城最神圣的地方,尤其是七个教堂的宏伟遗迹是如此著称,因此开辟了许多方便笔直的街道。这样,人们无论是步行、骑马或者乘坐马车,不论从罗马的任何地点出发,都希望而且事实上也能够走一条直线,通往最著名的信仰地。"[19]西克斯图

斯五世在他的规划中也融入了前辈在文艺复兴规划下的规则片段，突出表现在德尔波波洛广场（或译人民广场——译者注）的三叉口，这里发出三条街道，从不同的管区通向城市大门。[20]西克斯图斯五世规划的新街道也组织了中世纪城镇和奥里利亚城墙之间被放弃的大面积地区。一般来说，平面给城市提供了新的一致性。过去孤立的"节点"被统一起来，形成网络，同时，独立元素的角色成为整体宗教系统的一部分得到了充分表达。

三、城市

西克斯图斯五世的规划使罗马成为巴洛克建筑基本单位的原型——首都城市。罗马的角色自然被认为是这个时代宏伟系统的中心，同样，它荣耀的过去成为古代世界的发源地（caput mundi）。首都城市的发展由此成为第一个有形的表现，符合巴洛克世界结构"可见的"具体化表现的要求。多梅尼科·丰塔纳的引文表明，平面被作为说服的手段；它使对圣地进行一次"有计划"的访问变得迫切而容易。进而，整个城市范围浸透着意识形态的价值；它成为一个真正的神圣城市（città santa）。

然而，中世纪和文艺复兴的城市是相对静态和封闭的世界，新的首都城市成了力量的中心，并延伸到边境以外的地区。它成为整个世界的参考点，比耶路撒冷或过去的罗马更有具体意义。巴洛克的建筑类型代表现有模型的进一步发展，首都城市基本上是一个原始概念，影响着它归属的整个系统。17世纪，有一点已经认识到，那就是首都把次要中心降为卫星城，这些卫星城本身没有任何现实生活。

16世纪，我们首次发现，城市街道的网络与外界"领地"的道路趋于综合。然而，这种综合很少能够依据理想的意图去实现。首先，大多数城市仍然需要设立一条宽阔的地带，把它们与周围的乡村隔开；第二，现有的内部结构很难允许发展出一种巴洛克平面结果。我们通常发现的是巴洛克系统的片断，它却总给意图提供了一种清楚的暗示。这同样是罗马和巴黎等首都城市的状况。在旧城市应用新的规划概念带来了许多缺点，因此导致路易十四在旧首都之外建造了一个新城市。凡尔赛事实上不仅仅是宫殿；路易十三的狩猎离宫成了一个完全的"理想城市"中心，它似乎可以无限扩展。

首都城市动态和"开放"的特点也表现在它的内部结构上。根据新的"参与"要求，宽阔笔直的街道为人和车辆提供了一种强化的运动，也使巴洛克的系统化愿望得到表现。1574年，教皇格列高利十三

世已经为罗马建筑的建设给出了新规则，进而为他的继任者的宏伟计划做好了准备。这个规则规定，建筑应该联成一体，建筑之间的开放空间应该用实墙封闭[21]，以获得统一的城市景观，用连续的建筑表面限定和形成统一的城市空间。笛卡儿在他的论述中写道："……，那些由几部分组成的由不同大师设计的建筑，与仅仅由一个人设计的作品相比，常常并不完美——那么，正是那些老城市，最初由村庄演变而来的城市，经历岁月的变迁而成为大城市，如果与那些根据某种意图规划设计的规则城市相比，在构图上则常常缺乏很好的比例，虽然这些建筑单独拿出来，与那些有规划的城市中的建筑相比，艺术成就上不相上下，甚至还有过之。……"[22]

因此，在巴洛克城市中，单体建筑失去了它的造型个性，成为较高级系统的一部分。这意味着建筑之间的空间得到了新的重要性，它成为城市整体真正的基本成分。事实上，西克斯图斯五世的规划是空间规划而不是建筑规划。巴洛克规划依据焦点，即通常占主导地位的焦点来组织扩建。因为这些焦点代表水平运动的终点，它们应该借助一条垂直轴线来定义。西克斯图斯五世和多梅尼科·丰塔纳意识到了这些基本的空间问题，他们用从罗马废墟中发现的埃及方尖碑来定义系统的焦点[23]，在其他地方，也用建筑来定义系统的焦点，由于教堂高高的穹顶特别适合于作为城市水平扩展的终点，因此，教堂的象征性成为城市系统的有机组成部分。虽然这些纪念性建筑可以有很强的造型价值，但是，它们从来未与整体隔绝开来。即使是巴洛克晚期的居住建筑的自由体量，也是作为一个整体系统的焦点。因此，巴洛克立面对它所面对的城市空间的功能，与对它自身建筑的功能同样重要。一般地，我们可以说巴洛克城市汇聚于纪念性建筑（或者从纪念性建筑中放射出去），这些建筑代表系统的基本点。"这些纪念碑在城市框架中形成了最具威信的焦点，它一般安排在大面积地区的中心位置，这有助于强化纪念性建筑物的美学价值……"[24]阿尔甘（Argan）公正地承认，圣彼得大教堂是这种纪念性建筑的原型。[25]

城市整体的焦点也可以用纯粹的空间术语即广场来定义。当然，广场作为真正的城市核心有着悠久历史，但它的功能通常具有公众性和市民性，巴洛克时代把它变成一般思想体系的一部分。这在法国皇家广场中表现得最为明显，对称空间以君主的雕像为中心。这种原型1605年由亨利四世在多菲内广场创造。在所有的"意识形态"广场中，最大的是罗马的圣彼得罗广场，这里，伯尼尼通过两侧柱廊加椭圆空间这种形式，试图给"开放和展开拥抱双臂"的教堂象征化。由于其

图7 贾科莫·达·维尼奥拉,罗马,耶
　　稣教堂,室内

特殊意义和特殊形状,广场成为后面教堂穹顶的一个补充,其象征性的拱顶变成一个功能容器,被自然的天穹所覆盖。[26]建造纪念性广场成为所有巴洛克城市的迫切需要,它通常与系统中的主要建筑密切相关。

因此,巴洛克城市结构由焦点(纪念性建筑和广场)组成,它们依靠笔直而规则的街道相互连接。建筑用街道定义的运动模式相互结合,获得新的内部与外部相互作用。另一种类似的相互作用也在城市与外围建立起来。在主要街道之间,地区被赋予了某种一致性,没有对系统的主要特征造成干扰。

事实上,某一地区的建筑必须服从某种程序,这些程序形成了设计的一般特征。17世纪初期建造巴黎多菲内大街时,居民被迫"用相同的方式建造自己的住宅正立面……"[27]。因此,巴洛克的环境由于等级层次的中心化而得到定制。城市作为一个整体,是领地网络的焦点。在城市内部,我们发现了一个更密集的网络,它们以纪念性建筑为焦点,这些纪念性建筑反过来在更密集的系统中按照几何方式组织,一直到达最中心:凡尔赛,也就是君主统治的基础!当然,在巴洛克建筑中,主要的纪念性建筑是教堂和宫殿,它们代表这个时代两种基本权力。让我们首先考虑历史上两者之中最重要的一个——教堂。

四、教堂

教堂作为城市焦点的角色,在15世纪和16世纪已经被清楚地意识到。因此,阿尔贝蒂(Alberti)指出:"在建筑艺术的整个范围内,除了庙宇的布局和装饰之外,没有任何东西值得我们倾注更多的思考、关注和智慧;因为,不用说,建筑精美、装饰美观的庙宇,是城市能够拥有的最宏伟、装饰最高贵的建筑;它是神的栖身之地……"[28],帕拉第奥(Palladio)也补充说:"……如果城市中有山岗,最高部分将用来建造教堂;在没有任何抬高部分的情况下,庙宇的地面需要提高,使它轻松地居于城市其余部分之上。"[29]在同一时期,我们发现,理论家为教堂推荐了一个中心化平面,圆形和规则多边形是最"完美的"形式[30],然而,中心化平面不能充分适应和满足礼拜的要求,尽管同时也意味着它已经从一般的支持长方形基督教堂(巴西利卡)的传统中分离。[31]因此,对传统的"理想"教堂中心化平面的批评,在15世纪已经出现,即使是阿尔贝蒂设计的最重要的教堂,位于曼图亚的圣安德烈教堂也采用拉丁十字平面,虽然中心化的倾向非常强烈而明显。[32]一般来说,中心化平面在较小的建筑物(教堂)中得到接受,并且,一种特殊的功

能或者供奉使之成为一种自然的解决方案。[33]

16世纪,我们找到了试图将中心化与纵长平面结合的最初方案,在佩鲁齐(Peruzzi)和塞利奥(Serlio)的建造项目中,椭圆自然被用来解决这个问题。[34]

1563年,在特伦特委员会(Council of Trenf)作出结论之后,对中心化平面的否定态度也越来越明显和普遍,虽然会议曾经进行了礼拜改革,使之能够在功能上接受。理由乃是一种明显的强化传统和废除文艺复兴"异教"形式的愿望。这样,圣查理·博罗梅奥(St. Charles Borromeo)写道:"依据传统,教堂应该具有十字平面;圆形平面只用于异教崇拜的庙宇,很少用作基督教教堂。"[35]就在这些观点出版时,罗马的耶稣教堂(Il Gesù)已经建成[36],在耶稣教堂中,维尼奥拉(Vignola)对公理会教派的新观念感到满意,它可以允许很多人参与礼拜。这种平面表现为纵向布局,有明显的空间综合和中心化特点。德拉波尔塔设计的立面强调主轴线,看上去是一个宏伟的入口。因此,建筑成为室外空间的一部分;它参与到城市环境中,并且作为一个活跃的元素。穹顶不再是抽象的宇宙协调的符号,它的垂直轴线与水平运动形成了具有表现力和说服力的对比。因此,耶稣教堂对两种传统母题作出了新的积极的解释:赎罪和天堂之路。

这种解决方法能够很好地符合耶稣会(Jesuits)的需要,同时,许多学者坚持这个规则:将其作为一个一般模型。后来的研究已经证明事实并非如此,因为宗教改革运动的教堂是以一种更复杂的类型学为基础,并且表现出许多本地化的变异。[37]然而,耶稣教堂包含了巴洛克教堂建筑的许多基本意图,因此要求得到应得的关注。首先,它表现出对纵向与中心化平面综合的明显偏爱,其次,它表现出试图使教堂成为一个更大整体即城市空间的一部分的愿望。立面结合与内部空间一样,必须被解释为这些一般目标的功能。今天,耶稣教堂有装饰丰富的巴洛克室内。由于是由维尼奥拉规划,它比较简单,但是它仍然符合一般愿望,也就是圣查理·博罗梅奥表达的具有说服力的光彩壮丽。[38]

巴洛克教堂建筑的发展以上面的主要类型和原则为纲要。较大的教堂通常源自传统的长方形基督教堂(巴西利卡)平面,而较小的教堂和礼拜堂一般采用中心化平面方案。然而,有必要承认这一点,那就是纵向平面大教堂的布局规则是它包括一个强大的中心,这个中心由穹顶标识出来,或者与圆形大厅结合,较小的教堂通常包括一条纵向轴线。因此两种类型都在一个延伸的空间系统中适应参与的新需

要。不论规模与特殊功能如何，任何教堂都是一个焦点或者"场所"，在这里，基本的教理得到证明。因此，巴洛克的中心化与文艺复兴式的中心化，无论在内容还是在形式方面都不同。我们可以认为，巴洛克神圣建筑的两种基本类型是：中心化的纵向教堂和拉长的中心化教堂。我们必须再次指出，两者的选择取决于所讨论建筑的任务。通过引入这种差异，它有可能用一种有意义的方式，对非常复杂而且变化丰富的材料进行秩序化。

在巴洛克教堂中，空间获得了新的本质重要性。与构筑的造型"成员"形成对比，建筑是由相互作用的空间元素组成，这些元素依据内"力"和外"力"成形，这种"力"形成了特殊的建筑。当然，一个人也可以谈论与文艺复兴建筑相关的空间，但是，作为一个连续的统一体，它被几何布局的建筑元素划分。相反，巴洛克空间不能以这种方式来理解，因为它包含绝然不同的性质，这些性质与运动、开放、围合等特性有关。阿尔甘说："伟大的革新在于，空间的观念并不围绕在建筑周围，而是由建筑创造……"[39]

空间的关键问题是不同领域之间的过渡，诸如室外和室内的过渡，复杂建筑有机体之间空间元素的过渡。在教堂中，这个问题特别明显，它可以导致强烈而结论性的解决方案，由于建筑任务相对比较简单，也不包括许多分离空间或者质量不同的空间[40]，因此，我们发现，巴洛克建筑在罗马巴洛克神圣建筑中获得它最初的强大动力，这些罗马巴洛克神圣建筑是伯尼尼(Bernini)、波罗米尼(Borromini)和彼得罗·达·科尔托纳(Pietro da Cortona)的作品。最终的结论后来在17世纪由瓜里诺·瓜里尼(Guarino Guarini)得出，他把他的活动扩展到天主教世界的绝大部分地区。

五、宫殿

17世纪世俗建筑的两种主导类型是城市-宫殿(宫殿和旅馆)和乡村住宅(别墅、府邸)，我们还发现了两种建筑类型之间有趣的过渡类型(郊区别墅)。因此，有三种基本环境，即私人居住空间、城市公共空间以及花园和景观等自然空间相互关联。在特定的社会文脉中，城市-宫殿给人提供"场所"，别墅让他与自然联系，在短期情况下，所有三种元素集中到了一起。应该指出，城市-宫殿和别墅并非给不同的人提供居住空间；他们代表了相同形式的生活的两个方面。

这种差异的起源可以追溯到15世纪[41]，在文艺复兴时期的托斯卡纳，我们发现，除较老的城市-宫殿、别墅[42]以及结合花园的城市-

宫殿之外[43]，阿尔贝蒂对所有基本类型都给予了适当的注意。"为富人建造的乡村住宅与城镇住宅在这种情况下是有差异的；他们的乡村住宅主要供夏天居住，而在冬天，他们的城镇住宅是一个方便的庇护所。在乡村住宅中，他们享受了阳光、空气、旷野漫步和美景的乐趣；在城镇中则没有什么乐趣可言，但是他们可以享受到奢侈与夜晚。"[44]此外，他们也找到了密切两种生活方式的价值："还有另一种私人住宅类型，兼有城镇住宅的密度和乡村住宅的悠闲与乐趣……。它们是没有城市的安乐窝……，这种郊区别墅在城市与乡村之间提供一种永不疲倦的乐趣。"[45]

塞利奥重复了阿尔贝蒂式类型，并且提出了一系列平面，适用于"在城市建造的住宅"和"在郊区建造的住宅"或称为"乡村住宅"，后者应该位于"远离广场的绿化旷野"中[46]。有意思和值得注意的是，他提供了24个乡村住宅方案，而只提供了一个城市住宅方案，这表明后者被视为一种固定的类型，变化较少。

帕拉第奥在他的第二本书中采用了类似的起点，它谈到了"城市内和城市外的住宅"。别墅是这样一个地方，"身体能够更容易地保持活力与健康，在城市中搅乱和劳累的大脑，最终能够在这里得到极大的恢复和安慰。……"[47]

城市-宫殿和别墅的发展，与政治、经济和社会结构方面的重要变化密切相关，这些我们在上面已经讨论过了，而且也在首都城市的兴起背后发现了这个规律。在这种文脉下，它意味着封建地位重要性的丧失。城堡在城市中寻求替代品的需求，产生了城市-宫殿。这种发展从根本上说都是类似的，宫殿似乎成了新型"资本主义"(佛罗伦萨)，或者是教堂的"君主"(罗马)的"君王"，或者成了中央集权朝廷(巴黎)的贵族成员的所在地。对乡村住宅进行补充的需要，也被阿尔贝蒂及其追随者在上面的引文中加以强调。然而，住宅建筑的两种类型从一开始就有走向合成的趋势，如同在郊区别墅概念中所表现的那样。17世纪，这个问题在花园宫殿中得到解决，这些花园宫殿包括罗马的巴尔贝里尼宫、巴黎的卢森堡宫。从凡尔赛宫到明斯特的施劳恩的宫殿(1767年)，卢森堡宫成了宏伟的欧洲居住建筑的典范。

在根本上，城市-宫殿是家庭的所在地。它比字面上"住宅"的意思丰富得多。通过规模与结合方式，它在一个更广阔的市民文脉中定义家庭的位置，并且把城市作为一个整体。与中世纪城市密集的纹理结构相比，它赋予城市一个更新更大的规模。[48]在一座宫殿中，许多小的居住区集合起来，因此，在相同的一般模式下，让并不富有的住宅获

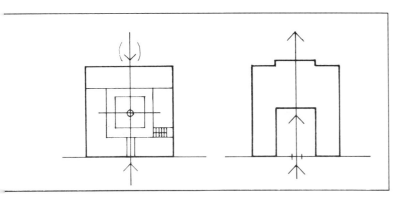

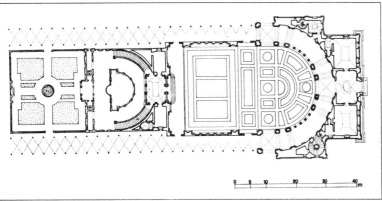

得了完整性。在 18 世纪和 19 世纪,随着新的中产阶级社会的兴起,这种内容与形式之间的差异不断增加,以至于宫殿失去了意义。

宫殿的根本特征是一个私人场所。它是一个封闭的世界,厚重的墙壁后面隐藏了它的内部结构。然而,"私密"并不意味着独立和主观,在别墅中,它的品质得到了相当程度的表达,阿尔贝蒂再次指出它们的区别:"城市住宅与乡村住宅之间存在的差异,表现在城市装饰应该比乡村住宅更庄重,乡村住宅允许一切最华美和最放肆的装饰。而它们之间还有另一种区别,那就是你必须尊重邻居的基本权利,并因此约束自己,而在乡村则有更多的自由。"[49]这种基本差异在 16 世纪和 17 世纪的罗马仍然有效,甚至到了 18 世纪初期在维也纳帝国也仍然是正确的[50],因此,我们发现,巨大而简朴的罗马城市-宫殿在 16 世纪意大利期间得到发展,与此同时,各种各样有趣的别墅在郊区和罗马地区建造起来。那时,同一建筑师在他的城市-宫殿和别墅中使用看似完全不同的"风格"也就不足为奇了。

然而,合成的愿望在 17 世纪变得越来越明显,它还引起了基本类型的一些变化。我们将在后面部分对此做详尽分析。城市-宫殿的封闭性开始被打破,倾向于以更多的方式与周围环境相互作用,别墅则越来越成为典范,如法国大别墅(châteaux)和后来中欧的花园宫殿所表示的那样。这种发展与日益增长的中央专制权力有关,它影响到城市-宫殿的私密性特点和别墅的个性表现。宫殿的至高无上显然不能通过建筑与城市环境之间微妙的相互影响而得到限制,这种城市环境我们能在文艺复兴时期的宫殿中找到。它被认为是一种力量的焦点,这种力量能够在无限的空间中自由扩展。因此,它与别墅的一些传统特征相联系,因此合成也是最自然的。

六、连接

建筑的空间特点可以用室内与室外的关系来表达,同时,定义这种关系不仅仅源自两个领域的空间特征,而且也是来自它们的接触点也就是墙面部分的连接。[51]在文艺复兴和巴洛克建筑中,所有的元素都有表现特征的特殊功能,或者是由于它们的空间特征,或者是由于它们的传统意义。古典柱式在这种关系中特别重要。事实上,直到 18 世纪末,维特鲁威(Vitruvian)理论仍然是建筑的基础。建筑的特点是通过古典元素来定义的,这些古典元素具有能被普遍理解的意义。后来到 1716 年,莱昂纳多·克里斯托弗·施图尔姆(Leonard Christoph Sturm)写道:"柱式是建筑的字母表:就像人能够用 24 个字母创造无数的单词一样,通过柱式的结合,人可以从六种柱式中获得形式多样、变化多端的建筑装饰……"。[52]法国理论家达维莱(Daviler)把柱式称为"富有表现力的符号"(1691 年)[53],1923 年,勒·柯布西耶(Le Corbusier)同样写道:"所有的艺术杰作都是基于一个或另一个伟大的心灵。……我们能够谈论'多立克',当一个人具有高尚的目标,并且完全奉献出艺术中的偶然性,那么他已达到精神中更高的境界:朴素……。有一种柔和的气息,同时,爱奥尼诞生了。"[54]

因此,我们可以这样理解,柱式可以被认为是人类基本特征的具体化。事实上,维特鲁威已经意识到,多立克具有男性特征,科林斯具有女性特征,而爱奥尼则代表中庸。因此,建筑的任务取决于柱式的选择。"对于密涅瓦(Minerva——智慧女神),玛尔斯(Mars——战神)以及海格立斯(Hercules——大力神)而言,希望建造多立克神庙;对于这些神而言,由于他们的力量,建筑应当没有装饰。科林斯风格的神庙设计,似乎有适合维纳斯(Venus)、花神(Flora)、普洛塞尔皮娜(Proserpine——冥后)、喷泉(Fountains)、居于山林水泽的仙女(Nymphs)的细部;因为对于这些女神来说,由于她们的文雅,建筑比例纤细,并且用鲜花、树叶、螺旋和涡旋来装饰,这样看起来才获得了一种公正的装饰格调。对于朱诺(Juno——主神朱庇特之妻),戴安娜(Diana——月亮女神)和巴克斯父(Bacchus——酒神)和其他类似的神而言,如果建造爱奥尼神庙,可以从他们的中间特征中寻找依据,这是因为,确定他们的神庙的特征,需要避免多立克的刚性和科林斯的柔性特点。"[55]福斯曼曾表示,古典的特征,无论神圣与世俗,都被传递到文艺复兴和巴洛克建筑中来。[56]塞利奥说:"古人把多立克神庙供奉给朱庇特(Jove——主神)、玛尔斯、海格立斯和其他力量之神,但是在我们的救世主转世为人之后,我们基督徒不得不使用其他柱式:为我们的救世主耶稣基督虔诚地建造教堂,为圣保罗、圣彼得、圣乔治等诸如此类的圣徒建造教堂……,我们拥有这样的圣徒,他们的勇气和力量使之为了基督的虔诚而不惜献出生命,因此他们适合采用多立克柱式……"[57],一般假设,三种古典柱式都能够表达所有的基本特点,因为它们代表了两个极端和一个中庸。塔斯干柱式与混合柱式的加入进一步强化了这种差异。然而,粗面石墙被赋予了一种特殊角色。它不仅仅是一种柱式,代表了人类的内容,而且被认为是代表了自然本身,是某些不成形和原始的存在,它完全与人工辩证相对。因此,塞利奥把粗面石墙称为"自然活动"(Opera di natura),而把柱式称为"人工活动"(Opera di mano)。[58]

然而,建筑的特点不仅仅取决于柱式选择,而且同样取决于柱式的使用方式。在文艺复兴建筑中,维特鲁威引入了叠合原则,在这里,"轻"柱式被"重"柱式支撑,整个系统被粗面石基座托起。手法主义时期的某些作品,表现了对这种人性化表现的本质怀疑。例如,佩鲁齐在马西莫宫(1532—1536 年)中,让柱式支撑粗面石高墙,他称之为将世界"颠倒"了。在巴洛克建筑中,我们再次看到,柱式支托在整体粗面石墙基础上,但是,一般的叠合被一种巨大的柱式所取代,这种柱式与整个墙面结合,并赋予建筑一个主导特征,进一步增加塑性造型的可能性、比例变化和新的传统元素组合方式,"古典"建筑的确提供了一种十分灵活而具有表现力的语言。同时,我们仍然看到许多打破规则的尝试。这种趋势在手法主义建筑中非常自然,米开朗琪罗的新发明对于后来的发展起着至关重要的作用。17 世纪,波罗米尼继续进行这些研究,其作品的特点被思想更加古典的伯尼尼称为"荒诞不经"[59],最后,在启蒙主义时代,对维特鲁威建筑教条的信念枯萎了。

七、结论

在这个总导言中,我们试图概括巴洛克时代生活方式的特征,勾勒巴洛克时代相应的空间与建筑的基本轮廓。所有生活方式都有空间方面的结果。事实上,任何人类活动都包括空间方面的因素,因为它表明运动与场所的关系。海德格(Heidegger)说:"单一世界总是揭示空间的空间性,这种空间对它是适当的。"[60]从童年时代开始,人构筑了环境的空间图像,我们可以称为他的"存在空间"[61],这个存在空间的某些基本特征必然要公共化,目的是允许社会参与和综合。存在空间的结构可能要用"场所"、"路径"和"区域"来分析,场所是人的活动焦点,"路径"描述它占有环境的可能性,"区域"定性地定义范围,这些区域或多或少地被知晓。所有这些元素出现在不同的环境层面上。景观是我们普遍必须考虑的最全面的层面,同时,它是通过人与自然环境的相互作用来决定的。其中包含城市层面,它主要通过社会相互作用来决定。最后,我们应该考虑建筑的层面,它基本上是城市文脉下的私人空间。在各种层面上,"室内"和"室外"之间的关系,也就是场所与环境之间的关系最为重要。我们可以把建筑空间定义为存在空间的具体化。[62]

我们已经看到,巴洛克建筑展现了有关场所、路径和区域的清晰系统,它们组织和形成了一个等级层面,以一个占统治地位的中心为焦点。过去时代的建筑类型转变成与这个一般性方案相适应。只要

15

图 11 菲利贝尔·德洛尔姆,阿内府邸,正门(巴黎,巴黎美术学院)

有可能,传统的封闭城市变得开放了,教堂的安排与轴线有关,这种轴线把它与城市环境结合起来。同时,宫殿成为放射运动的中心,而不是一个坚固的要塞。最后,在 17 世纪和 18 世纪欧洲许多地区,景观渗透到巴洛克元素中去,或者作为世俗花园的延伸路径,或者作为神圣"物",例如十字架(road crucifixes)、教堂和避难所等。巴洛克世界虽然是专制和独裁的,但却也是动态而开放的,并且包含对我们现在的世界来说很重要的基本元素。在我们讨论巴洛克的实际状况之前,我们必须进一步详细考虑巴洛克建筑基本构成的结构和发展。我们将从公共环境,即城市开始,然后讨论它的重要焦点——教堂和宫殿。

第二章 · 城市

导言

巴洛克城市史就是以上概括的一般意图与原则的传播史[1]，它始于 17 世纪罗马，由西克斯图斯五世开创的伟大计划得到了继续，由于已经采用了一种一般系统，因此新的成就主要是建造宏伟的纪念性焦点。17 世纪，欧洲的第二个首都城市——巴黎获得了一种全新的城市结构。在巴黎，其出发点并不是连接已经存在的焦点，包括宏伟的罗马长方形基督教堂（巴西利卡），而是一种新结构以更系统的方法得到发展。在伦敦，17 世纪上半叶进行了一些系统化尝试，但是这种尝试受到内战的牵制。1666 年伦敦大火之后，一种真正的巴洛克式综合才规划出来。1617 年，马德里建造了一个新的马约尔广场（Plaza Mayor），但是它并未成为一个更广泛的巴洛克系统的一部分，这种系统在伊比利亚半岛非常罕见。

然而，17 世纪最有趣的城市发展出现在一些小城市——都灵——皮埃蒙特（萨伏依）的首都，当时，它作为一个独立的公国已经具有一定的重要性。在都灵，罗马经验和法国经验统一形成了单一的城市合成，它得益于旧都灵城的规则平面，由于它是以罗马旧兵营为基础发展而来。在中欧，城市发展由于 30 年的战争而耽误了，奥地利的发展更是由于土耳其的入侵而大受影响。因此，在这些地区，更加有趣的城市平面在 18 世纪才出现。许多小城市在 17 世纪建立或重建，特别是法国尤其如此。沙勒维尔（1608 年）和黎塞留（1635—1640 年）是众所周知的例子，即使它们的平面并没有包括我们在凡尔赛（1671 年）看到的新原则。许多斯堪的纳维亚半岛的新城镇以传统的文艺复兴时代原形为基础进行建设，1693 年，在西西里岛地震之后，城市重建也采用了相同的原形，但后者却是有明显晚期巴洛克特色的城市景观。在这里，我们不可能详细地讨论全部范围内的各个实例，因此希望集中讨论三个城市：罗马、巴黎和都灵。

一、罗马

我们已经对教皇西克斯图斯五世的罗马城平面背后的一般意图作了说明，最终结果，路网并非集中在某一主要焦点，而是连接了大部分焦点、建筑和广场。一些规划中的连接并没有实行，其中包括拉泰拉诺的圣乔万尼教堂和城墙外的圣保罗教堂之间的街道。在这个系统中，特别重要的是从德尔波波洛大门引向城市的三叉口和大圣玛丽亚教堂周围的星形布局[2]，主要街道用方尖碑来标识，方尖碑不仅引入了对垂直方向的强调，而且也是作为街道方向变化的"轴"。西克斯图斯图斯五世在他的方案中结合了图拉真（Trajan）和马库斯·奥雷柳斯（Marcus Aurelius）的罗马柱列，与圣彼得和圣保罗的雕像等高。吉迪翁（Giedion）公正地指出了这样一些方尖碑与柱列如何在后来几个世纪中不断促进广场发展[3]，罗马的供水系统由于罗马帝国的衰落而显得相当不足，因此，西克斯图斯建设了新的引水管道，向 27 个公共喷泉供水（1589 年）。对巴洛克时代的罗马城市特色作出了巨大贡献的喷泉建筑因此而产生了[4]，西克斯图斯五世最具有创造性的想法是把罗马圆形大剧场变成羊毛纺纱工厂。由于他过早地去世，这个项目中止了。

西克斯图斯五世的罗马城市平面大多由多梅尼科·丰塔纳来实施。一般来说，他被认为是一个呆板和缺乏想像力的建筑师，但是我们不应该忘记，他对空间处理显然有一些非常新而且想像力丰富的想法。事实上，他的呆板可以从这方面——即他的系统化愿望——进行理解，这种愿望被他的追随者所继承，并加入了更多的艺术想像力。[5] 一般来说，他为西克斯图斯五世实施的街道网络在与地形学与城市结构的关系方面相当牢固，而且具有示意性。因此，丰塔纳写道："现在，以一种的确难以置信的代价，并且遵照伟大君主的精神，西克斯图斯已经把这些街道从城市的一个端点扩展到其他端点，而没有关注其中横越的任何山岗或山谷；但是，由于铲平山岗，填平山谷，已经使之基本上成了一个平面……"[6] 事实上，巴洛克时代的理想地形是平地，它们允许无限扩展。

西克斯图斯五世和丰塔纳的平面并不代表一种根本的革新，它滋生在典型的手法主义建筑运动的一般趣味之上。在许多情况之下，这种趣味表示了建筑（或者一组建筑）与环境之间一种更活跃的接触。作为一个很有趣的例子，我们可以讨论贾科莫·德拉波尔塔（Giacomo della Porta）对米开朗琪罗卡皮托林山项目平面的转化[7]，米开朗琪罗规划了一个封闭的空间，充满张力。迪珀雷（Dupérac）的照片表明，所有建筑旨在采用同样的墙面处理方式，进而在广场的三个侧面形成一条连续的界线。由于第四个侧面比较窄，因此广场成了梯形，最终出现了收缩效果。与这种运动形成对比的是，米开朗琪罗采用了椭圆地面空间，由于铺地上有凸起部分和放射星形图案，看上去是以马库斯·奥雷柳斯皇帝雕像为中心向外扩展[8]，这个椭圆可能代表了发源地，因此，使第一主神殿似乎成了罗马宗教改革运动的焦点。[9]1564 年米开朗琪罗去世之后，德拉波尔塔对设计作了重要修改。首先，他修改了代塞纳托里宫（Palazzo dei Senatori）的立面，使它看上去更加轻巧，并

图 12　罗马,西克斯图斯五世的城市平面(罗马,梵蒂冈罗马教皇图书馆)

图 13　米开朗琪罗,罗马,卡皮托林山规划项目(雕版画,迪珀雷作)

图 14　乔万尼·巴蒂斯塔·皮拉内西,罗马,德尔波波洛广场(雕版画)

且在距离和视觉上都更远离侧面的两座宫殿。代孔塞尔瓦托里宫(Palazzo dei Conservatori)的中轴线由于一个大窗户而显得更重要,因此,统一的围合空间变得更小。最后,他把栏杆上的雕像面对城市,而不是面对入口坡道。总之,德拉波尔塔把米开朗琪罗的封闭空间变成一种巴洛克构成,它以一条纵向轴线为基础,把广场和下面的城市连接起来[10],在某些方面,最后的解决方案类似 17 世纪的"U"形宫殿(旅馆),在那里,贵宾接待前院(cour d'honneur)是外部和内部空间的转换。在更早的时候,米开朗琪罗自己也计划在法尔内塞宫和台伯河(1549 年)另一侧的法尔内西纳别墅之间建立一条连接轴线[11],表现出一种打破文艺复兴城市静态自足单体的愿望。

我们已经提到,德尔波波洛广场作为一个预先存在的特别重要的元素,与巴洛克时代的罗马城平面结合在一起。实际上,德尔波波洛广场代表了巴洛克城市基本图案的原形——放射形街道,它或者集中于某个重要位置,或者远离某个重要位置。[12]在德尔波波洛广场,焦点是圣城的主入口。几个世纪以来,弗拉米尼亚大道引导前往罗马的访问者穿过帕寥里－平乔(Parioli-Pincio)山岗和台伯河之间的狭窄地带。城市之门安排在山岗与河流分离处,以允许城市表面进行扩展。直到西克斯图斯五世时代,德尔波波洛广场也只是三条街道的起点,但是,1589 年方尖碑建立之后,它成了真正的城市焦点,在大约 17 世纪中期,它被改建成一个巴洛克广场。1662 年 3 月 15 日,卡洛·拉伊纳尔迪双教堂建成,两个教堂对称地位于三条放射街道之间的两块建筑基地上,因此,加上科尔索大道,它看上去成了一个具有纪念性的城市入口[13],展现在进入城市的访问者面前的是穹顶教堂,因此,正如蒂蒂(Titi)在 1686 年的指南中写道的,"被引见给隐藏在著名城市中的珍宝"。动人的三叉口已经成为巴洛克具有说服力的工具。

拉伊纳尔迪教堂是城市与建筑的一个有趣实例,值得进一步讨论。[14]德尔波波洛广场的放射形街道引发了巴洛克时代耗资巨大的纪念性对称开发,况且,有什么能比建设两个教堂更适合于这个神圣的城市呢?但是,有一种表面上似乎不可克服的困难需要克服:两个建筑基地宽度不同。即使拉伊纳尔迪的立面向两边伸展,迪里佩塔和科尔索两条大道之间的用地仍然比德尔巴布因诺大道的边界宽。换句话说,两个教堂的穹顶直径可能不同,而且因为看上去不同而不能形成对称。拉伊纳尔迪(Rainaldi)以一种极具创造性的方法解决了这个问题,他的方法是把教堂变成长椭圆形,把直径往后拉长,直到与对称的教堂直径相等为止。从城市之门望去,尽管教堂实际是有区别的,

图15 卡洛·拉伊纳尔迪, 罗马, 德
　　 尔波波洛广场, 平面, Cod.
　　 Vat. Lat. 13442(罗马, 梵蒂冈
　　 罗马教皇图书馆)
图16 罗马, 德尔波波洛广场, 三叉
　　 口示意图

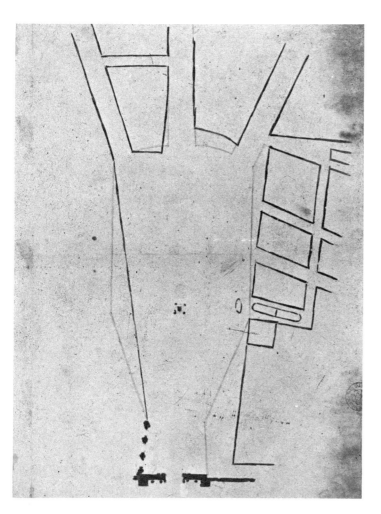

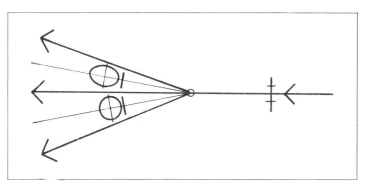

但是看上去却非常相似。我们也因此能够理解, 建筑均衡并非一定要在物理上相似。由于它们有深柱廊伸向前面的城市空间, 因此, 拉伊纳尔迪教堂也在广场与广场后面的房屋体块之间成功地建立了转换。柱廊并非给教堂"增加"体量, 而是形成整体的一个有机组成部分。[15]因此, 教堂看上去是后面房屋群体的一个纪念性立面, 而且事实上, 它也是整个城市的立面。同时, 柱廊与三条街道共同形成了一个有韵律的连续开口, 用来定义广场的边界。因此, 在纵深方向上, 拉伊纳尔迪完成了空间与运动令人信服的合成。在双教堂计划之前的几年时间里, 伯尼尼重建了城市之门, 用来记载1655年瑞典女王克里斯蒂娜的驾临。伯尼尼建成了中央开间的最高点。[16]

今天的德尔波波洛广场看上去完全不同。1816年, 朱塞佩·瓦拉迪耶(Giuseppe Valadier)开始实施改建, 他引入了一条横轴线, 用两侧的半圆形空间来定义这条轴线。[17]其意图在于把广场和一侧的平乔山岗与另一侧的台伯河斜坡地连接起来。瓦拉迪耶用同样的宫殿标识了由此形成的新空间的四角。他的改建减少了巴洛克的三叉口效果; 广场不仅仅在弗拉米尼亚大道和三条放射道路之间形成节点, 而且已经成为一个又大又在某种程度上悬而未决的有机体。事实上, 在把人引入城市的时候, 引入一个"不成熟"的横轴线对城市结构造成了极大破坏。这种想法显然是源自伯尼尼的圣彼得罗广场, 但圣彼得罗广场实际上意义完全不同。皮拉内西(Piranesi, 约1750年)著名的集市(Venduta)描绘了在瓦拉迪耶的改建造成干扰之前, 德尔波波洛广场的真实体验, 它是一个体量与空间相互作用的积极场所, 以纵深方向的运动作为主导特征, 方尖碑是整体的一个必要参考点。

在罗马的巴洛克广场中, 纳沃纳广场扮演着特殊角色。它的主体形状预先已经形成; 事实上, 它已经被图密善皇帝运动场所限定, 这座运动场于公元86年首次投入使用。在中世纪, 房屋在罗马废墟上建立起来, 但空间仍然是自由的, 并且成为公共竞技的舞台。教皇西克斯图斯四世(1471—1484年)把广场变成了附近文艺复兴地区的市场。但是, 尽管有其复杂的历史, 纳沃纳广场还是成了巴洛克罗马的一部分。教皇因诺琴特十世(1644—1650年)的宫殿面对广场, 他将其改建成当时一个有特色的焦点, 由于其独特的空间质量, 虽然没有与任何巴洛克街道系统结合, 它仍然是周围环境的主宰。17世纪, 纳沃纳广场事实上已经成了罗马的客厅和集会场所(Salotto dell' Urbe), 也就是市民生活的绝对中心。今天, 广场仍然像磁极一样, 比罗马的任何其他城市空间更能吸引访问者。[18]

图 17 乔万尼·巴蒂斯塔·皮拉内西，
　　　 罗马，纳沃纳广场（雕版画）
图 18 弗朗切斯科·波罗米尼，罗马，
　　　 纳沃纳广场，在阿戈尼的圣阿
　　　 涅塞教堂，绘图样张

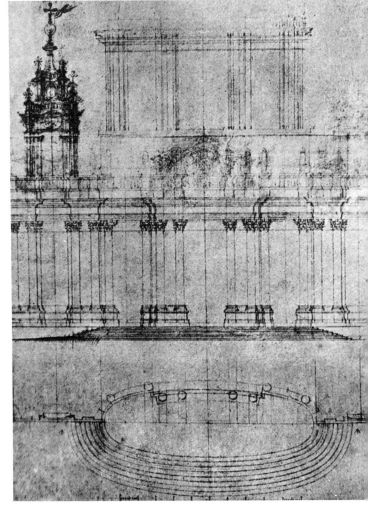

那么，是什么建筑特性使纳沃纳广场如此重要？是长而相对狭窄，并且可能表现为扩大的街道的空间。因此，它具有方向性，让我们把它当作周围街道的继续。而与此同时，它受到了限制，使之成为一个"场所"而不是一个公共大道。这种限制的结果是由于这样一个事实造成的，那就是沿着空间有一道连续墙。建筑具有相同的一般尺度，而且被视为一个表面而不是一个体量。因此，通向广场的街道十分狭窄，而且也不规则。对称布置的宽阔街道很容易打破围合的特点。其连续性通过一般尺度的颜色和相关的建筑细部运用而得到加强。简单的房屋与圣阿涅塞教堂的立面一样，通过相同的古典元素来连接；他们是系统"语言"中不同的"语句"，教堂是主要焦点。如果我们假设它不在那里，那么总体上将失去不少价值，由于教堂的主导作用，才没有这样，但是，由于它使其他建筑在同样的基本主题上呈现出相同的变异，因此，它们获得了独立存在时无法获得的意义。

因此，纳沃纳广场的边界墙有一种巴洛克层级结构。圣阿涅塞教堂的立面成了这面墙的有机组成部分，也有助于让广场成为"室内"，事实上，纳沃纳广场的基本性质在于，它是巴洛克名词术语意义下的空间。它不仅仅具有抽象的集合特性，而且与界线有持续的相互作用，这在圣阿涅塞教堂的凹立面中表现得特别明显。[19]

这里，波罗米尼完成了两件事：首先，教堂和广场以一种积极的关系接合起来，因此，外部空间似乎穿透了建筑群体；第二，把上面的凸穹顶与广场相互联系起来。圣阿涅塞教堂的穹顶是整体中唯一的大体量，同时，波罗米尼设计的凹立面以完整的造型力量将其显示出来。一种典型的巴洛克建筑积极的空间－体量关系由此而创造出来。在构图中，三个喷泉也发挥了重要作用。他们以人的尺度把空间划分成四个变化的区域，同时，让这些空间有人居住，排斥了经历可怕的真空的可能性。伯尼尼的四河大喷泉（1648—1651 年）创建了真正的广场中心[20]，它的方尖碑标识了一条垂直轴线，把空间的水平运动限制并集中起来。同时，它的寓言人物引入了一种新的内容尺度，作为教堂权力的象征，并且延伸到世界的四方，这里以多瑙河、普拉特河、恒河和尼罗河作为代表。喷泉也是对巴洛克愿望——将两种传统对立：自然活动和人工活动合成——的最令人信服的答案。对水的创造性运用进一步强化了对观赏者的说服效果，这些观赏者在伯尼尼强大的对手建造的圣阿涅塞教堂的欢迎立面和穹顶上找到了完美。这种效果在某种程度上被两个钟楼削弱了，它们比波罗米尼的规划高得多。

一般来说，纳沃纳广场是罗马巴洛克建筑典型空间的代表，这是

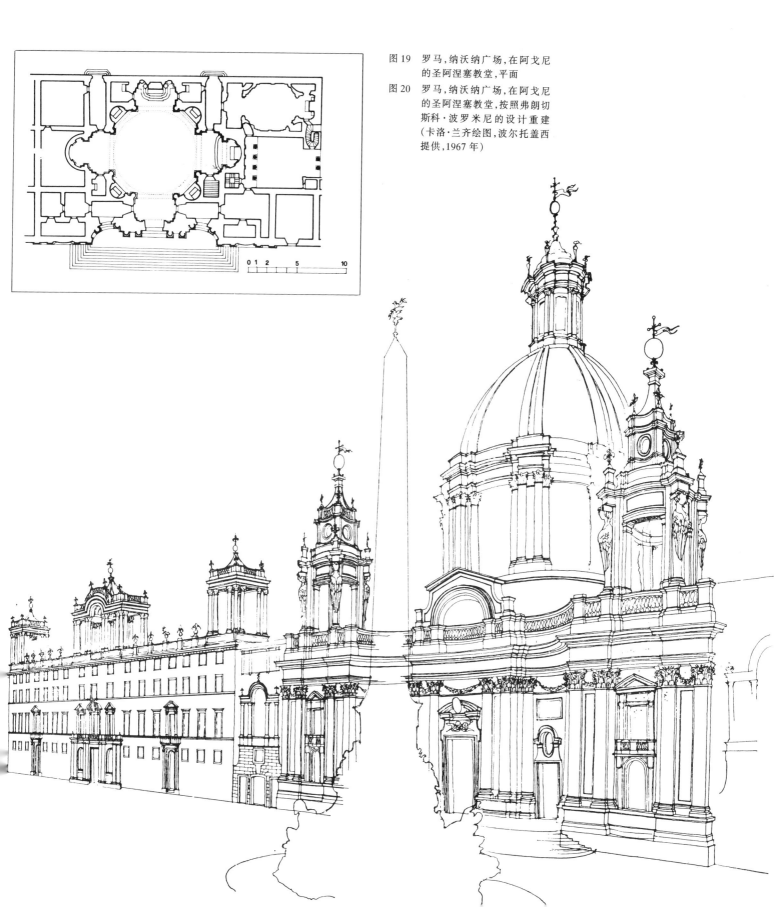

图 19　罗马,纳沃纳广场,在阿戈尼
的圣阿涅塞教堂,平面

图 20　罗马,纳沃纳广场,在阿戈尼
的圣阿涅塞教堂,按照弗朗切
斯科·波罗米尼的设计重建
(卡洛·兰齐绘图,波尔托盖西
提供,1967 年)

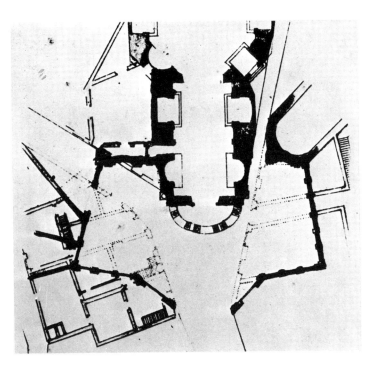

一种不同寻常的动态的、充满生机和变化的空间。它让我们在某种程度上理解了伯尼尼和波罗米尼规划的城市是什么样子:脉动的、富有表现力和人性化内涵。多梅尼科·丰塔纳强烈而示意性的运动被远远抛在了后面,正如法国城市规划中的理性系统一样,它反映了对巴洛克综合与统一愿望的一种本质不同的解释。

在纳沃纳广场附近,我们找到了另一个广场,它在规模上完全相反。事实上,圣玛丽亚·德拉帕切广场是一个很小的空间。但它又是城市空间中一个罕见的例子,它由单个建筑师规划并建成,更重要的是,它堪称巴洛克建筑最令人激动的成就之一。这个由彼得罗·达·科尔托纳设计的杰作与众不同之处在于体量与空间积极的相互影响。在德尔波波洛广场和纳沃纳广场的联系中,我们曾经指出了类似的特性,但是在这里,这个基本的巴洛克问题表现为一种浓缩和强化的形式。1656年,严重的瘟疫加上法国人侵,罗马的人口受到严重威胁。教皇亚历山大七世于是决定重建圣玛丽亚·德拉帕切教堂,用来“祈祷怜悯与和平”。[21]这项任务委托给了彼得罗·达·科尔托纳,由于这座老教堂位于两条狭窄街道的分叉口,所以他不得不首先改善进出至老教堂的道路。唯一可行的解决办法是建造一个小广场。科尔托纳的一张保存下来的图纸表明了为实施这个规划需要做的拆除,同时也表示了他如何有意识地给广场定界,使教堂尽量深入到这个空间中。这种解决方式给访问者这样一种感觉,即他一进入广场就仿佛置身教堂之中;深柱廊位于空间中部,同时又是后面教堂的一个有机组成部分。教堂与广场的综合通过墙面处理得到进一步加强。广场周围连续表面的房屋是两层加一个矮阁楼。阁楼的檐口和栏杆延伸到教堂的横翼上,沿着一条凹曲线向内。我们可以分别谈论广场和教堂的元素之间的相互渗透,教堂的伸出运动同时也得到加强。这种渗透由于这样的事实而得到加强,这个事实就是“属于”房屋的曲面墙被壁柱连接起来,形成教堂上层元素的延续。广场周围建筑的首层部分能够找到一种更简单的连续性。这样,在广场周围,教堂既定义为一个独立的伸出体量,又定义为连续墙的一部分。这种解决方式与波罗米尼设计的圣阿涅塞教堂的立面有关,但是波罗米尼把立面向内弯,使得穹顶变得活跃,彼得罗·达·科尔托纳不得不给已经存在的教堂中厅提供造型作用,结果它的入口在所有巴洛克教堂中是最动人的。这种说服效果由于对细节、光线和阴影的精巧处理而得到加强。[22]上面的楼层凸出,以便接收强烈的阳光。它表现了后面教堂的体量,而不是作为一个独立的领域;中间的一道垂直裂痕,以及一个厚重的双层山墙把整体变

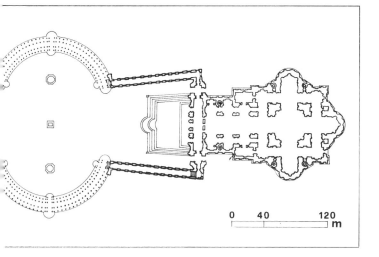

图 25   詹洛伦佐·伯尼尼,罗马,圣
        彼得罗广场,平面
图 26   罗马,圣彼得罗广场,最终方
        案示意图
图 27   詹洛伦佐·伯尼尼,罗马,圣
        彼得罗广场,第三条"臂"的
        设计方案(雕版画,法尔达
        作)

成了一个巨大的入口。由此,科尔托纳向耶稣教堂的主题提供了一种"盛期巴洛克"的解释。这种解决方式不断重复着伯尼尼的圣安德烈·阿尔·至里内尔教堂(1658 年)的简化形式,在这种形式中,伸出的门廊同样得到了展现。在亚历山大七世期间,彼得罗·达·科尔托纳实际上为耶稣教堂规划了一种类似但更有纪念性的设施[23],借助横向伸出的柱廊来创造一个对称的入口,柱廊后面出现了一个广场。通过开辟一条新街道,教堂本身在右侧已经从耶稣屋中分离出来,因此,它获得了真正巴洛克"焦点"的重要性。

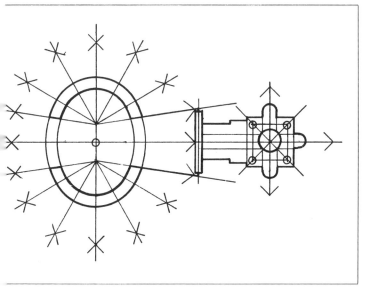

我们从讨论圣玛丽亚·德拉帕切教堂作为一个城市事件开始,以分析特殊的建筑特征作为结束。这表现了罗马巴洛克建筑如何以两个层级之间连续的相互作用为特征。城市空间虽然是为教堂而准备的,但教堂另一方面也使环境具有意义,两者共同成为同一公共领域的组成部分。圣玛丽亚·德拉帕切教堂也表明,巴洛克空间的非一般和各向同性的性质如何用于区分优先次序。事实上,它根据不同的状况连续发生变化;换句话说,空间是现象化的。

罗马的巴洛克广场系列首推伯尼尼的圣彼得罗广场,这个广场复杂而且历史悠久,这里没有必要再重复。我们感兴趣的是教皇亚历山大七世(1655—1667 年)最终实施的解决方案。[24]1656 年夏天,伯尼尼建造了第一个项目,是一个梯形广场的侧边向现有的鲁斯蒂库奇广场汇聚。这种勉强让人满意的想法很快被放弃了,伯尼尼转向了圆形平面。经过一番现场研究,他最终采用了椭圆方案,并于 1657 年 3 月17 日将方案呈给教皇[25],奥布里库阿广场是椭圆主空间,它通过一个更小的梯形广场雷塔广场与教堂相连,小广场的侧面在教堂部分分叉。主广场的形状被一些功能所决定,例如,为了能够完全看见圣彼得教堂的立面,梵蒂冈宫有舒适的入口,为游行队伍(processions)提供带顶的"回廊"。而最首要的是它有一个象征基础,正如伯尼尼自己所说的:"……由于圣彼得教堂几乎是所有其他教堂之母,所以它必须有柱廊,表现它仿佛像母亲一样伸出双臂,接受天主教徒,并坚定他们的信仰,对于异教徒,把他们重新聚合到教堂来,对于无信仰的人,用真实的信仰去启迪他们。"[26]因此空间成为一个极度扩大的中庭,这种特征被伯尼尼规划的将要在双臂之间建造的纪念性入口所强化。由于亚历山大七世于 1667 年去世,这个三层的侧翼(terzo braccio)最终未能实施。[27]

实际上,任何广场都没有像圣彼得罗广场一样得到如此之多的分析,尤其是用于证明伯尼尼如何中和马代尔诺的过长的立面。由于最

61

图 28　詹洛伦佐·伯尼尼,圣彼得教
　　　堂,带有钟楼的立面方案(绘
　　　图)

图 29　詹洛伦佐·伯尼尼,罗马,圣彼
　　　得罗广场
图 30　罗马,圣彼得罗广场

图31　卡洛·马代尔诺,罗马,圣彼
　　　得教堂,立面细部
图32　罗马,圣彼得罗广场,柱廊细
　　　部

初规划的钟楼后来没有建成,因此立面的比例很不确定而且很呆板。在伯尼尼的解决方案中,奥布里库阿广场和雷塔广场之间的开口比立面窄得多,但它很自然地被感觉成是相等的(因此,雷塔广场在体验上被感觉为一个长方形),所以立面看上去比实际要短一些,而且相对要高一些,[28]这种效果由于雷塔广场横向墙面的处理而得到加强,这个广场越接近教堂高度越低。由此,教堂立面的高度"测量"是以较小的壁柱为参照,而不是以雷塔广场起点处的壁柱为参照。最后,奥布里库阿广场的横椭圆形使观赏者感觉教堂要更近一些。在伯尼尼最后的立面设计中,由于钟楼被从主立面上分离开来,因此这个创造性的解决方式更加完善。

　　然而,伯尼尼的平面真正的重要性并不是这些透视上的"诡计"。圣彼得罗广场成为一个最伟大的广场,乃是因为它最基本的空间特性。奥布里库阿广场能够兼有封闭和开放的特征。空间定义非常清楚,椭圆形在横轴方向有一种扩张感。它不仅仅是一种静态的完成形式,而且也创出一种与周围世界的相互作用,可以用"透明"的柱廊表达出来。最初,花园是通过柱廊看到的,它使广场看上去是一个开放与延伸的环境的一部分,这个空间的确成为"所有人集会的场所"。同时,它的信息辐射到整个世界。[29]梯形的雷塔广场也成为这种一般模式的一部分。方尖碑的重要功能是一个焦点,这个焦点把所有的方向统一起来,并且与通向教堂的纵向轴线联系在一起,最终创造出中心化与纵向指向目标的理想合成。这种主题在教堂内部继续重复,在天堂穹顶的垂直轴线上,这种运动找到了它最终的动机。阿尔甘说:"……圆顶升起,表现在柱廊之上,正如它原始的象征意义在伯尼尼广场的寓意中得到清楚揭示一样……。圆顶围合的形状在造型和象征方面具有含蓄的意义,在视觉方面也是如此,在开放的、椭圆形曲线的柱廊中,它的寓意目的就像在伯尼尼的设计中声明的那样,是要构筑一个想像中的人体双臂,圆顶是它的头部:教堂的这种普遍的包容因此成为君主启示录的序言……"[30]

　　圣彼得罗广场是空间构成的一个杰作,无愧于在功能上成为天主教世界的主要焦点。它表明了一个用特殊方式与环境产生相互关系的"场所"系统,是如何能够将内容象征化,来包容人类存在的最深奥的问题。同时,伯尼尼成功地用一种非同寻常的简单方式,将巴洛克时代的本质具体化,虽然他的工作从未停止过对观赏者的挑战。圣彼得罗广场超出了其他任何例子,因为我们从它可以看到巴洛克艺术的基础是一般原则,而不是丰富的细部。事实上,伯尼尼的代表作是由

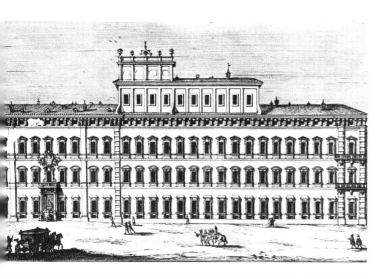

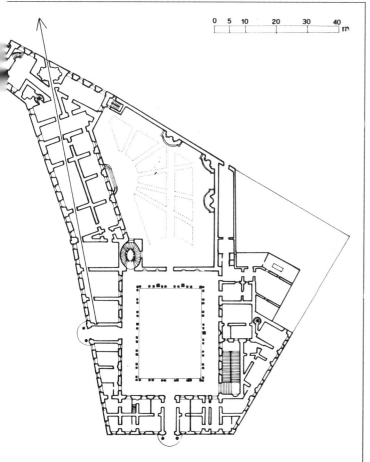

单一的元素——古典柱列组成的。

　　我们已经通过分析最重要的城市元素来讨论巴洛克时代的罗马。事实上，巴洛克时代的罗马并没有形成一个几何性质的系统化整体。作为西克斯图斯五世平面的主要起点，七个长方形基督教堂（巴西利卡）的布置都与历史事件有关，而不是基于地形学或者城市方面的理由。它们中有一些在城墙之外，一些在城墙之内。因此，巴洛克时代的罗马表现为如何适应特异的环境，而并非一个理想平面，并且，它的"系统"在于一般特征的创造，而不是粘结成有秩序的图像。这一点特别在一些次要的适应性中得到了充分说明，在这里，巴洛克的空间连续和相互作用的愿望得以实现，尽管有着十分特殊的条件。

　　1671 年，博尔盖塞宫扩展和复杂的有机体被卡洛·拉伊纳尔迪作了最后一次改造[31]，拉伊纳尔迪采用把门安排在一条直线上的方法，把旧立面上的所有房间加入到重复（Ripetta）的侧翼上，形成一个长长的纵向放射线。因此，街景成了邻近建筑的无窗空墙。由于这座房屋同样属于博尔盖塞，因此，拉伊纳尔迪打开了一条穿过建筑的斜走廊，以延伸台伯河的视野景观。在开口处安排了喷泉，使这种效果更加令人信服。事实上，它给人造成这样的印象，喷泉横跨在河上。另一个例子说明了完全不同的适应性，它由阿尔铁里宫（1650—1660 年）提供。[32]宫殿的长墙中有一部分沿着耶稣教堂的侧面，局部面对教堂前面的广场。在这种位置，为了适应这些差异，乔万尼·安东尼奥·德罗西（Giovanni Antonio de Rossi）做了这样的设计，把面对广场的局部墙面作为一个对称的凸出部分，本身是完整的。为了不让整个有机组织变得支离破碎，在剩下的部分，他不得不创造一种强烈的不对称性，这样就需要一个对称的侧翼，来取得整体的均衡。德罗西通过在右端"使用假的凸出部分"，更重要的是通过在屋顶上竖立一个长而不对称的望远楼的方法，来解决这个问题。

　　因此，罗马的巴洛克建筑存在大量无法预料而且非常新颖的创造，所以，在所有的巴洛克城市中，罗马是最富有变化的。巴洛克时代不仅强化了一个占支配地位的系统，而且对它永恒而不断进化的结构作出了伟大的贡献。[33]盛期巴洛克的赞助人和雇主可能已经意识到这一点，因为他们没有完全按照西克斯图斯五世的意图发展，而是更多地集中在重要的场合。

二、巴黎

　　17 世纪巴黎的城市发展经历了与罗马完全不同的道路。巴黎不

图 35 巴黎, 多菲内广场, 平面
图 36 巴黎, 多菲内广场, 示意图

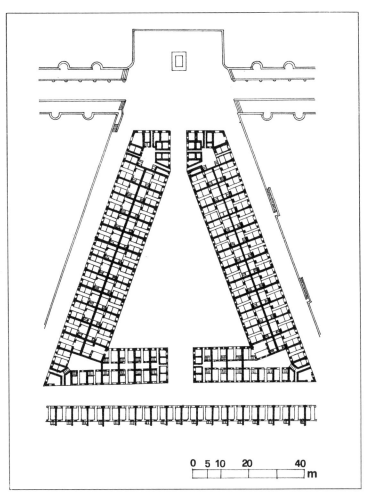

是从一种系统开始, 而是经历了一系列具有不朽价值的运动之后, 才缓慢地走到了一起, 形成协调一致的系统化城市结构。这种发展实际上发生在 18 世纪和 19 世纪。然而, 我们应该补充一句, 形成系统的要求从一开始就或多或少地以具体的形式表现出来。这两个城市也有相似之处: 在这两个城市, 一种"巴洛克"式的生活需要具体化, 而且, 在两种状况下, 基本手段是创造有意义的"焦点"。西克斯图斯五世在罗马所做的, 亨利四世同样在巴黎做了。时间上也基本相同, 虽然由于内战的原因, 在法国有所延迟。1594 年, 亨利四世入主巴黎之后, 他恢复并强化了君主政体, 并且通过慷慨的让步, 他的政权赢得了普遍承认。在他生命的最后一年, 亨利试图把首都城市变成新系统的杰出表现。在赢得他的王国, 并保证其连续性之后, 他试图让自己的成就成为永恒的形式。"人们说我中庸, 但是我做了三件事, 它们与贪婪没有任何联系, 我发动了战争, 我做爱, 我建设。"

西克斯图斯五世可以用来作为起点的城市焦点已经存在(即七个巴西利卡教堂), 而亨利则不得不从零开始。因此, 他创造了一种新的城市元素——皇家广场。皇家广场是以君主雕像为中心的城市空间, 并且沿着雕像发展。因此, 绝对规则是真正的焦点。显然, 它的原型是米开朗琪罗的卡皮托林广场, 在这个广场上, 神圣权力的第一个君主安放在空间的中心位置, 它象征着世界的中心。[34] 然而, 亨利四世所谓的皇家广场在一些重要方面与原型有所不同, 它是被居住住宅围绕, 而不是为纯粹纪念性(市民性)目的服务。因此, 它把君主与他的人民之间的新关系具体化, 同时, 它可以用来表达某种中产阶级的骄傲。在接下来的几个世纪中, 皇家广场对于城市发展有着非同寻常的重要性, 而且这种重要性还不仅仅是对法国而言。

亨利的第一个项目是多菲内广场, 它非常有趣, 因为它与城市是一种整体关系。在斯德岛前面有两个小岛。亨利三世已经开始在这个点建造一座跨河新桥(1578 年)。它遵循传统模型, 根据两侧的房屋划线。然而, 新桥(Pont Neuf)的建设由于内战而搁置了, 直到 1606 年才建成。亨利四世拆除了房屋, 并且让桥成为一个更全面的城市计划的一部分。在桥梁和老斯德岛之间, 他开辟了一个新的三角形广场——多菲内广场, 建立了一条广场轴线, 穿过大桥和一个君主骑马雕像[35], 大桥两侧都用笔直的街道来连接, 北侧通向圣厄斯塔什教堂, 南侧通向圣日耳曼宫。这样, 巴黎有了它的第一条城市轴线。这条横向通道穿过规划的主轴线, 即塞纳河, 两条轴线呈直角关系。事实上, 多菲内广场使沿河建筑轴线变得明显, 它也是一系列提高塞纳河重要性

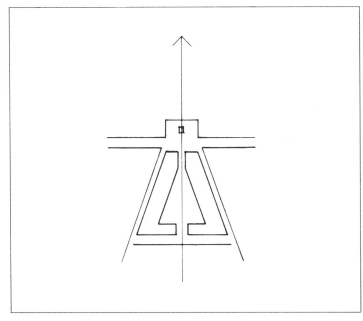

图 37 巴黎,多菲内广场(雕版画,佩
雷勒作)

的项目中的第一个,使塞纳河的重要性超过了其他首都城市的河流。[36]这个广场有两个带侧翼的长建筑,形成一个三角。[37]街道沿着外侧,与主轴线一起,形成了一个以雕像为中心的三叉口。建筑包括一系列统一而相对较小的公寓,首层是商店。这种连接方式显示了表面与体量的一种很不确定的强调(用高而陡峭的屋顶来定义),而没有以意大利的方式运用群体和造型元素。广场本身没有任何纪念物,只有亨利四世的雕像,这座雕像同样也是整个城市的中心。

在多菲内广场规划的同时,亨利四世开始了另一个更加典型的皇家广场规划,也就是现在的孚日广场[38],这个广场位于马雷区,试图成为居民的室内散步场(promemoir)。它的周围被与多菲内广场类似的住宅围绕,其中有富人公寓。每个人都必须采用一个通用平面,同时,定义空间的墙面的连续性被拱廊强调。然而,每个单体用屋顶划分和高烟囱来表现。轴线效果则由更高的国王与王后亭(Pavilions du Roi et de la Reine)创造出来,它同时也是主要出入口。整个广场的中心是1639年安放的路易十三骑马雕像。前面的连接体现了"哥特式"垂直和水平线条的相互作用,而不是一种古典结构。因此,首层的壁柱并不支撑任何檐部,而仅仅是一个薄的层拱。然而,它的一般效果并不是骨架;事实上,墙面看上去是一个装饰表面。皇家广场被许多欧洲城市特别是伦敦模仿。[39]

再往东,在巴士底狱和神庙之间,亨利四世规划了另一个伟大的城市开发(1610年)。[40]他的法兰西广场是巴洛克城市设计中第一个真正的星形构图,有八条放射形街道从基线出发,并且将一个新的城市之门作为它的中心。八条街道以法国主要省份的名字命名,使这个方案成为新国家制度的空间表达。到此为止,城市之门的命名来自特殊的"地理"环境,法兰西门是一个纯粹的象征性名字,是以巴黎作为首都城市的角色为根据而取的。项目已经开始实施,但是因为国王去世,未能彻底贯彻下去。法兰西广场并不期望成为一个皇家广场,是表明一种趋于综合的城市结构方向,事实上,一百年之后,巴黎的整个地区被这种星形图案模式所覆盖。

在路易十三(1610—1643年)统治期间,新的城市焦点建造起来了。它们集中在规则的市区开发区当中。第一个项目是多菲内大道,它的建造是作为新桥的延续。在这里,居民要求"以相同的方式建造住宅正立面,因为在桥的一端,它将成为一种好的装饰,这条街形成了一个长立面。"[41]更重要的是,在一个系统化的直角布局中建成了圣路易岛。[42]建设活动持续了数十年,在岛上生活的路易·勒沃是一个积极

图 41 巴黎,胜利广场,平面
图 42 朱尔·阿杜安－芒萨尔,巴黎,
旺多姆广场平面(引自《建筑
与城市规划百科词典》)
图 43 巴黎,旺多姆广场(雕版画,勒
波特雷作)

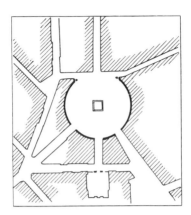

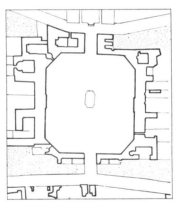

图 44—45　巴黎,旺多姆广场

图 46　巴黎,平面示意图

的参与者。黎塞留地区是 1633 年以后开发的,它位于旧城墙之外卢浮宫和杜伊勒利宫的北边。与圣路易岛一样,它围绕两条主要街道规划,并且以直角穿过它们。除了城市规划的成就之外,更重要的还是路易十三统治时期普通建筑的发展。事实上,一个更加"恰当"而富有创造性的古典语言被萨洛蒙·德布罗斯(Salomon de Brosse)和弗朗索瓦·芒萨尔(François Mansart)加以利用,[43]他们奠定了后来伟大的法国古典主义的基础。

在路易十四漫长的统治时期(1643—1715 年),巴黎经历了几次变化,这对于城市的进一步发展有决定性影响。两个莫特皇家广场相继建成,同时,杜伊勒利宫花园成为向西大规模空间扩张的起点。然而,最为重要的是在路易十三统治下,设防被完全废除了,代之以一个几乎完整的环形林荫大道。[44]由此,巴黎成为一个空间开放的城市。让我们首先来讨论新广场。

1682 年至 1687 年间,卢浮宫以北的地区有了城市焦点——胜利广场,也就是原来的路易十四广场。广场是由当时最重要的建筑师朱尔·阿杜安－芒萨尔(Jules Hardouin-Mansart)规划,并用一种非常新颖的方法来设计。它并没有保留一个像孚日广场那样比较孤立的空间,而是设计成在城市结构中连接若干重要方向:福斯·蒙马特尔大街(达布克尔大道)由查理五世的老城墙来确定,克鲁瓦·珀蒂斯·尚玻斯街向南朝卢浮宫方向笔直延伸。德拉·弗亚德街向西朝杜伊勒利宫北部的新区延伸。圆形是唯一能够适用于这种目的的形式,胜利广场因此成为遍布欧洲的一系列宏伟的圆形城市空间的原型。然而,胜利广场并不是一个规则的圆形广场。福斯·蒙马特尔大街始于圣丹尼斯门,并把广场与环形林荫大道以及向北的主干道连接起来,这条主干道是叠加在环形图案上的轴线,它结束于德拉弗里埃尔旅馆(Hotel de Toulouse)的贵宾接待前院。上面提到的两条街道沿着这条轴线分叉。整个构图以路易十四(1686 年)骑马雕像为中心。[45]用一道统一连接的墙面围合空间,它包括粗面石底层,用巨大的爱奥尼柱式把两层楼包括进去。这种解决方式有伯尼尼式的渊源,但是与罗马的例子相比,它的特点是更加轻巧,也缺乏造型。这种系统只用在面对广场的墙面上,沿街的横墙在连接上更加简单。因此,是空间而不是周围的建筑成为构图的基本元素,这种想法可以追溯到米开朗琪罗设计的罗马卡皮托林山项目。

这个基本事实在路易十四统治期间建造的第二个皇家广场旺多姆广场或称大路易广场中表现得更加明显,这个广场是城市西部新区

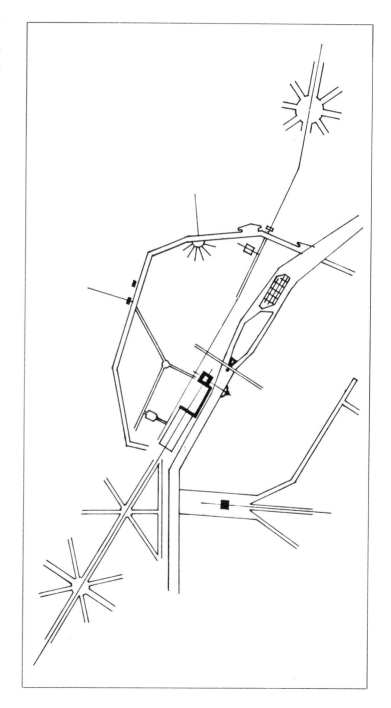

图 47　巴黎,"Turgot"平面的细部,
　　　　表现杜伊勒利宫

的焦点。第一个项目 1685 年由阿杜安－芒萨尔建造,部分立面的后面并没有建造房屋。最初,那里规划了一系列的公共(或者皇家)建筑:学院、图书馆、皇家造币厂和大使馆,但是这个计划 1698 年被放弃了,立面也被推倒了。阿杜安－芒萨尔做了一个规模较小的新规划,包括一个抹角的长方形空间,也就是一个不等边的八边形。1699 年至 1708 年,立面再次建造起来,后面的用地出售给了独立的买方。因此,在某些方面旺多姆广场重复了孚日广场的一般解决方法。然而,空间围合由于抹角和规则而有韵律的墙面连接而得到强调。同时,它的形状随着南北轴线纵向伸展,这条轴线原来就已经把附近的卡皮西纳教堂和弗扬斯教堂连接起来。这种解决方式代表一种有特色的巴洛克中心化与纵向的合成,一种围合和与环境相互作用的合成。墙的连接重复着胜利广场的一般系统,但开间有一个更修长的比例,而且细部也更丰富。它的中心由与罗马皇帝一样的路易十四骑马青铜像来标识。[46]

　　巴黎的四个皇家广场是在一个一般主题上的变奏。它们在本质上被当作空间;它们不像罗马的广场一样依赖特别的建筑[47],而是被构思为"城市的室内"。因此,连续的边界墙十分重要,就像定义中心一样。一般主题由于空间形状和与周围关系的选择而发生变化。因此,巴黎的广场基于四种简单的几何形:三角形、方形、圆形和长方形。它们不可避免地反映出理性与系统的观念,这是形成它们的社会所具有的观念。其他法国城市也引入了皇家广场,例如,在第戎,朱尔·阿杜安－芒萨尔在勃艮第的埃塔茨宫(1686 年)前面建造了一个半圆形空间。

　　皇家广场赋予巴黎一种新的内在结构,环形林荫大道和离心轴与环境之间形成了一种新关系。这些革新背后的想法源自花园建筑,而且在一般意义上,还反映了对景观的新观念。就像我们稍后将要提到的,第一个决定性的例子出现在意大利,而在法国主要表现为一个人的作品:这个人就是安德烈·勒诺特雷(André Le Nôtre,1613—1700 年)。1637 年,勒诺特雷被任命为杜伊勒利宫花园宫的园丁,在那里经历了漫长而难以置信的活动生涯,并且还在那里安了家。由于现有的花园是按照典型的文艺复兴方式规划的,因此形成了连续的"静态的"方形和长方形(1563 年)。勒诺特雷彻底改变了这种模式,引入了轴线系统和各种不同形状的空间。最重要的是,他打开了朝西的地区,形成了一条长长的香榭丽舍林荫道,林荫道的尽端是一个圆点(E-toile)。一条类似的轴线向东延伸,从圣安东尼门(Porte St. Antoine)通向樊尚(Vincennes)城堡,这条轴线规划之后已部分付诸实施。因

图 48　安德烈·勒诺特雷,巴黎,杜伊
　　　勒利宫(雕版画,佩雷勒作)

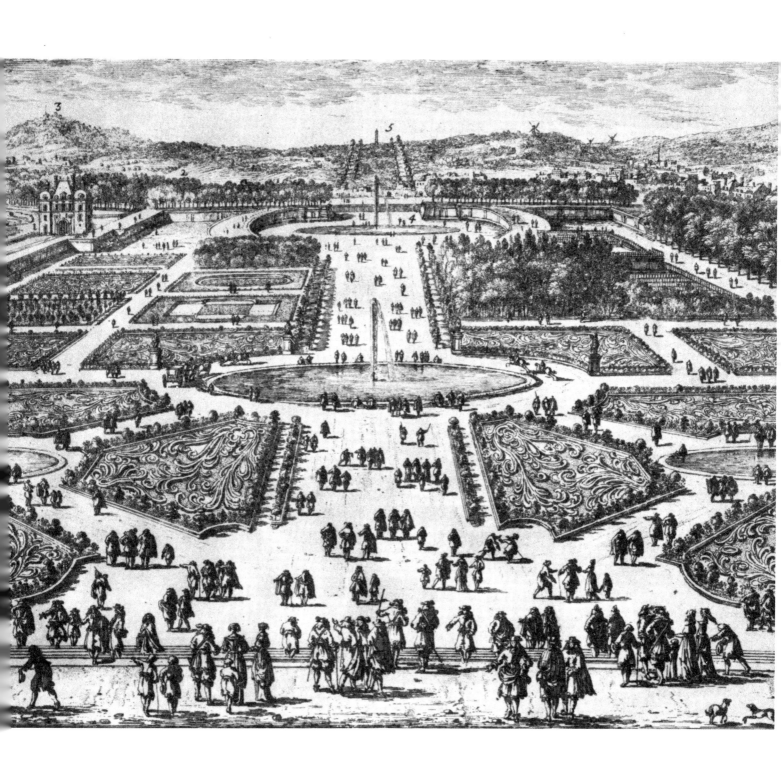

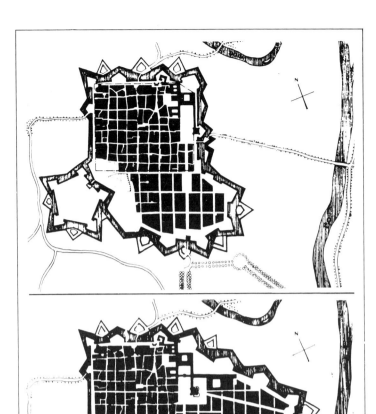

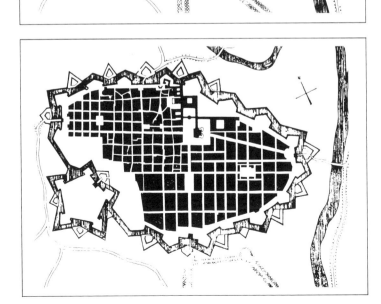

图 49 都灵,表现朝南第一次扩建的平面和第二次扩建后的平面(引自《第十次建筑史会议资料汇编》,都灵,1957 年)

图 50 都灵,经过三次扩建之后,18 世纪下半叶的城镇平面

图 51　阿斯卡尼奥·维托齐,都灵,卡斯泰洛广场,透视图(1676 年印制)

图 52—54　都灵,圣卡洛广场,实景

此，放射形的道路系统逐渐形成，它体现了巴黎作为法国首都的角色。放射形道路与林荫道被环形林荫大道联系起来，环形林荫大道划定了城市的市区，而同时又没有把它们封闭起来。路易十四的林荫大道宽36m，由一条主要的公共大道和两侧较窄的街道组成。在它们与放射形路交叉的地方建造凯旋门，也就是纯粹象征性的城市大门，表现一种空间系统的基本内涵。[48]

在路易十四统治期间，巴黎的基本结构已经确定。它的系统化特征相当明显，基本单元是空间焦点、道路和规则的街区。建筑规划与这个系统密切联系，没有任何强烈的个体造型。他们并不是作为群体，而是作为表面，来定义城市空间以及接待前院的连续特色。17世纪的法国城市主义缺乏罗马巴洛克那样的戏剧性活力和特性。它对系统化的强调导致了一种连接的出现，这种连接以古典元素规则而正确的应用为基础。因此，我们仍然可以用"巴洛克"来形容它，由于它表现出强烈的综合、连续和"开放"的愿望。罗马是巴洛克时代典型的"神圣城市"，巴黎则是它"世俗的"副本。

三、都灵

皮埃蒙特的首都位于罗马和巴黎之间，事实上，它的历史与这两个城市密切相关。16世纪末，当都灵成为萨伏依公国的首都时，它仍然是一个小城镇，保留了最初罗马城（oppidum）的方形平面。政治复兴的继续始于他的父亲伊曼纽·菲利贝尔——公爵查理·伊曼纽第一（1562—1630年，1580年受封为公爵），他把都灵变成了一个巴洛克首都城市。与此同时，皮埃蒙特深受宗教改革运动的影响。当时两种主要"力量"在此交锋，形成一种独特的合成，将神圣与世俗统一起来。[49]

老城镇的结构是一种正交直角系统，中心部分有一个市政广场。与城墙东侧相连的是一座城堡，原来是一座罗马城门，在中世纪时期改成一座城堡。查理·伊曼纽公爵很自然地把这个城堡作为他的起点，授权他的建筑师阿斯卡尼奥·维托齐（Ascanio Vitozzi）将其建成一个规则广场的中心（1584年）。[50]为了使它的"中心"功能具体化，维托齐尝试以一个放射形组织的新系统来规划广场周围部分。这种想法后来被放弃了，代之以一种能够更好地适应现有直角系统的组织系统，以此为基础，城市开始向南部和东部扩展。这种扩展在17世纪一直在继续，但是我们应当指出，它的一般规则在维托齐建造卡斯泰洛广场时已经确定下来。这个广场周围围绕着统一的立面，它们以连续的水平线条和韵律为基础相互连接起来。围合的特点得到首层部分

粗面石拱廊的强化。在1615年维托齐去世前不久，他从广场开辟了一条新街道向南延伸，这条街道就是诺瓦大道（今天的罗马大道），它试图成为新城（Citta Nuova）的功能主轴线。这条街道的立面被设计成广场周围墙面的延续，因此，为整个城市引入了一个均匀（homogeneous）系统的观念。在轴线的起点，他也建造了一座新公爵宫殿，宫殿有一个庭院开口朝向卡斯泰洛广场。连接的水平连续性仅仅被老城堡的新立面打断，这里采用强烈的垂直壁柱来加以强调。

维托齐的工作由他的追随者卡洛·迪·卡斯泰拉蒙特（Carlo di Castellamonte）继续下去，从1615年开始，到1641年去世为止，他一直是公爵的建筑师。从1621年，卡洛·迪·卡斯泰拉蒙特开始将城市向南扩展。他延伸了直角系统的街道，并且为这个区引入了一个新的次要焦点：雷亚莱广场（今天的圣卡洛广场），它与诺瓦大道综合，并沿着街道方向形成一个长方形空间。广场的中心是一座骑马雕像，有真正皇家广场的特点。[51]与法国广场相比，它有重要区别：在诺瓦大道离开广场的地方，用两座对称的教堂来标识，这种处理方法与罗马德尔波波洛广场的双教堂有些类似[52]，"神圣的"元素因此充分地参与进来，就像在卡斯泰洛广场那样，新的杜卡尔宫（后来的雷亚莱广场）直接与都灵大教堂结合，共同形成一个独特的焦点，由城市决定的简单的宫殿表面，与教堂的穹顶和钟楼形成对比[53]，贯穿巴洛克时代都灵的整个历史，事实上，我们发现，神圣与世俗结合在一起，共同形成一个丰富而具有表现力的对位。

卡洛的儿子阿梅代奥·迪·卡斯泰拉蒙特，忠实地把维托齐和他父亲开始的工作继续下去。首先，他建造了新的杜卡尔宫（1645—1658年），以一种非常有趣的方式与正对的广场联系起来。广场连续的粗面石拱廊，在城市空间与贵宾接待前院之间形成一道屏风墙。它的中央门廊顶上是一个亭子，用于展示都灵最神圣的遗物圣辛多尼礼拜堂或"神圣裹尸布"礼拜堂。[54]阿梅代奥·迪·卡斯泰拉蒙特规划城市向东大规模扩展，直到波河（1659年）。这里同样发展了直角系统，这个新区以另一个皇家广场卡利娜广场为中心。它的东西轴线向西延伸，与圣卡洛广场联系起来。然而，在新的城市扩展中，有一个特别的元素，也就是通过一般平面模式的对角线大道，把卡斯泰洛广场与波门连接起来，这是瓜里尼（1676年）设计的宏伟的城市之门。[55]在阿梅代奥·迪·卡斯泰拉蒙特制定规划之后，波大道于1673年动工。它有统一的立面，首层是拱廊，它是现存最宏伟的17世纪街道。在通向波河的方向，街道以一个开阔的半圆形空间结束，从外面看，它好像一个"城

市贵宾接待前院",但是它并没有封闭自己,因此,城市对周围环境是开放的,同时也在接纳访问者。这种母题在后来的几个世纪重复了数次,特别是出现在尤瓦拉(Juvarra)设计的苏莎门(Quartieri Militari)和宫殿大门中,虽然半圆形规划没有被直接模仿。尤瓦拉的作品与都灵晚期巴洛克(1706年之后)扩建联系在一起,这次是向西扩展,也再次使用了相同的模式,其中还包括一个皇家广场:萨沃亚(Savoia)广场。

因此,我们清楚地看到巴洛克时代的都灵如何围绕卡斯泰洛广场发展,卡斯泰洛广场是城市的历史、政治和宗教中心。但是它并未向北扩展。我们发现,这里的府邸花园与开阔的乡村连接在一起。这种解决方式与杜伊勒利宫当时的花园布局有关。[56]巴黎建成了一个开放的城市,而都灵则把它的设防保存到拿破仑时期。它理论上开放的巴洛克城市结构因此总是局限在城堡工事的环形范围之内。然而,在17世纪,这种结构必然比其他任何首都城市都均匀和系统化。它主要归因于在一种幸运的环境下,罗马时代的街道模式完好地保存了下来,并且被作为发展的起点与巴洛克城市充分结合起来。我们可以假定,罗马时代的布局被有意识地用来象征新都灵的重要性以及它辉煌的过去。巴洛克城市的层级结构在都灵也特别明显。卡斯泰洛广场发挥了主要焦点的作用,旧城在城市宫殿广场有一个次要焦点,直到1756年[57],才得到最后的连接。同时,新区都与一个新广场有关。广场都用主要公共大道连接起来,这些公共大道大多通往乡村。这种新区规划和建设遵照了同样的观念,也就是统一和连续性的观念。这种观念我们在巴黎已经看到了。

因此,巴洛克时代都灵的平面清楚地表达了一种理想的绝对君主政体系统,同时,它的空间结构具有法国式特点,即以一个主要"内容"为中心,以此形成向水平方向扩展的相关道路网络。"用来构筑城市的城市化元素,无论大小都必须结合在一起,以便成为统一的场面宏伟的城市有机体的一个完整组成部分;正如我们所看到的,例如,在平行的社会政治组织下,在统一的金字塔构造的国家,每一个个体都能在一个确定的社会阶层或范畴中找到他的位置,它的最高层是君主"。[58]然而在都灵,这种世俗系统与教堂的垂直塔和穹顶形成对比。这里有一张18世纪的图,从东方看都灵,垂直元素密集分布,给人一种类似中世纪的印象。"对于信仰的世界,地狱之塔在所有的垂直结构中最为重要,并且有作为一个保护性元素的特点;在它的影子下,人们感到更安全,它的钟声在下面忠实的信徒之中弥漫,它的尖顶直指天空,完成它的宗教象征性。"因此,都灵代表了一种造型–表达与空

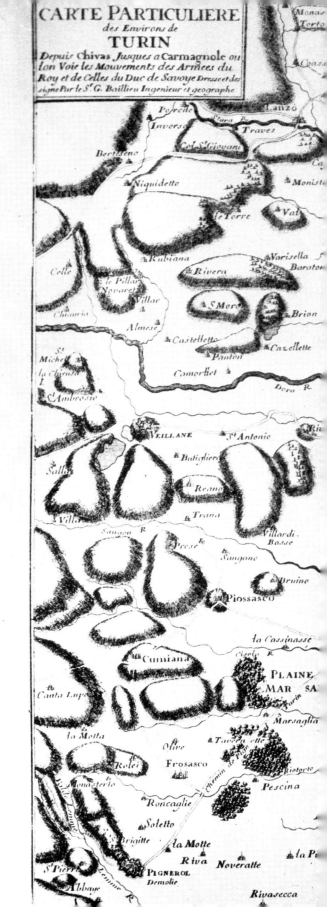

图 57　都灵,城市和郊区的地形图
（巴耶印制）

间－系统化独特的合成。我们曾经看到,这种合成分别是罗马和巴黎的典型特征。

在城市周围也发现了这种"双重"特点。维托齐在两个方面作出了贡献,他在沿着波河的山岗脚下的一块高岩上,建造了山峰上的天主教嘉布遣会的圣玛丽亚教堂,开始创造巴洛克时代的"神圣景观",并且达到了 18 世纪中欧朝圣教堂和修道院的巅峰。[59]他同样也参加了都灵周围的世俗规划。这两方面由卡斯泰拉蒙特父子发展。在与公爵国家的居民区连接处,阿梅代奥规划了一个小的理想城市韦纳里亚·雷亚莱(1660—1678 年)。[60]

平面布局的主轴线朝向宫殿的贵宾接待前院,它中途穿过了一条横轴线,这条横轴线由两个对称安排的教堂穹顶来确定。这个规划不仅证实了卡斯泰拉蒙特伟大的城市化天才,而且成为 17 世纪最有意义的理想城市规划之一。与巴黎的周围地区一样,都灵城市周围地区由放射形道路和规则几何形的花园系统构成,景观同样由作为避难所的穹顶来标识。两者都是 18 世纪发展起来的,并随着尤瓦拉在苏佩尔加的巴西利卡和斯图皮尼吉宫殿这些宏伟建筑的建设而达到巅峰。最后,我们应该提到皮埃蒙特美丽的景观,它使都灵成为一个真正的伟大城市。

四、结论

我们已经对 17 世纪城市主义作了简要纵览,它表明了中心化、连续性和扩展性的基本观念如何以不同的方式具体化,这些不同的方式是以特殊的状况,也就是社会－文化制度以及现有的建筑与地形环境为根据。一些特色主题被挑选出来,例如象征性的广场或"焦点"、街道或"路径"的方向,以及统一一或次要的地区。在这个时期的多数城市中,这些元素的出现无需真正的系统化综合。而且,在某些情况之下,理想的规划仅仅在较小的规模上实施。最著名而且最典型的是凡尔赛宫。[61]我们稍后将回来讨论这个宫殿,但是在这里,应该对它的一般城市特征及它与景观的关系稍作说明。

凡尔赛宫的城市开发始于 1661 年,从勒沃(Le Vau)扩建这个皇宫开始。花园由勒诺特雷规划,他监督这项工作的时间超过三十年。整个规划可以被认为是勒沃、勒诺特雷和朱尔·阿杜安－芒萨尔同时或连续贡献的结果。宫殿占据了正中心,同时,它长长的侧翼把空间分成两半:一侧的花园和另一侧的城市。后者在结构上有三条远离中心的放射林荫道:巴黎大道、圣云大道和索大道。次要街道和广场按

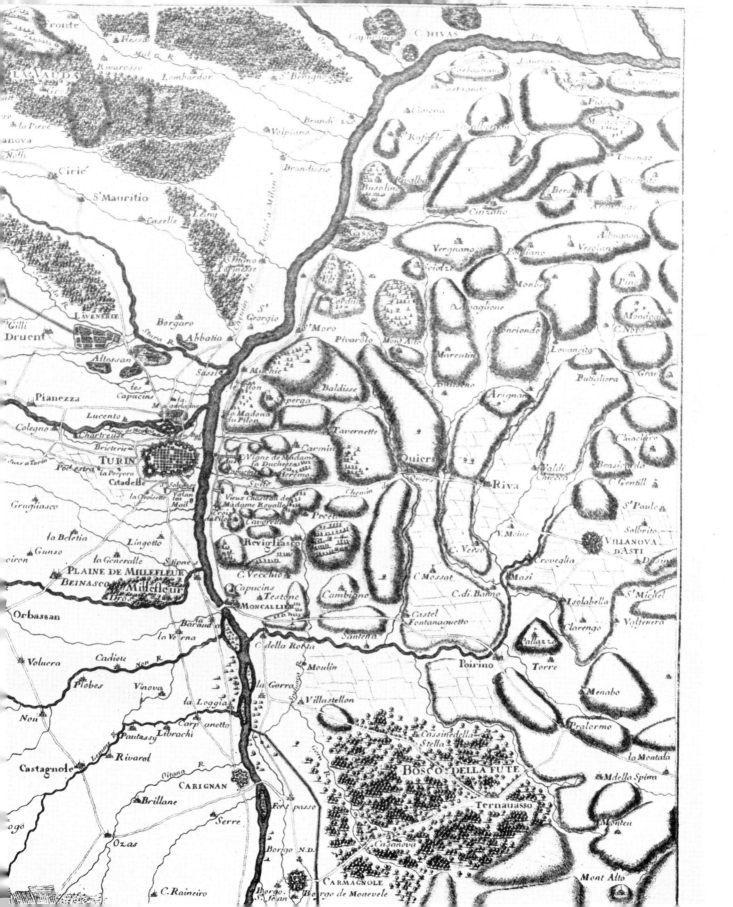

图 58　阿斯卡尼奥·维托齐,都灵,山峰上的天主教嘉布遣会的圣玛丽亚教堂

图 59　凡尔赛宫,1714 年的平面图

照直角网格来规划。花园的布局表现了放射形道路和圆形广场形成的系统。因此,两半都有无限透视的特点,灭点位于宫殿。整个周围部分的景观被一种看上去无限的系统所占据。阿杜安－芒萨尔设计的高雅的巴黎圣母院采用了不对称的布局方式,也不构成任何垂直强调,而在宫殿顶部使用穹顶设计来显示君主"神圣权力"的荣耀。[62]波德莱尔(Baudelaire)称之为"一个宏伟城市天生的庄严"。凡尔赛代表了 17 世纪城市的本质:主导性与确定性,以及动态性与开放性。因此,它超过了专制主义的表达;它的结构具有一般特征,这些特征使它具有吸纳其他内容的容量。事实上,今天,无数访问凡尔赛的人都体验了丰富的存在,这种存在一度为路易十四单独拥有。

凡尔赛的花园代表发展的顶峰,这种发展在一百年前甚至更早就已经开始了。早期的文艺复兴花园仍然保持中世纪围合花园(hortus conclusus)的特点。它用几何形来表达一种理想的自然的想法,因此成为当时理想城市的补充。在 16 世纪,这种静态完美的观念被一个神秘而荒诞的世界所替代,这个世界中包括各种各样的"场所"。"对于'规则'特性的观念从此被'多变'特性所取代。这种'多变'特性中充满了'发明'和不可预见性……。花园的概念是作为一个奇妙而令人惊奇的地方,甚至可能是不可思议和魔幻的,它推倒了墙和栏杆,把花园转换为一组空间,每一种设计都与人类的感情有关。"[63]然而,我们发现,在一些 16 世纪的别墅中,"基本特性"的定义之初对于它的进一步发展具有根本的重要性:花园的装饰由花圃,扩展居住功能的矮树丛(由树篱和其他"人工栽培"的自然元素组成),以及在"丛林"(selvatico)[64]中引入自由属性组成。1570 年,多梅尼科·丰塔纳在为西克斯图斯五世成为教皇之前建造的罗马蒙塔尔托别墅中,把所有这些元素都表现出来,同时还加入了新的明显的空间综合愿望。大圣玛丽亚教堂附近的侧入口出现了一个三叉形分支,用来定义小建筑物和横向花坛。主轴线继续通过建筑,穿过一条横轴,结束在远处的视界(point-de-vue)。这种方案在德拉波尔塔和马代尔诺(Maderno)设计的位于佛拉斯卡蒂的阿尔多布兰迪尼别墅(1601—1602 年,1603—1606 年)中重复出现,在这里,主轴线被宫殿中央的高凸出部分强调[65],然而,在两个别墅中,上面所提到的两个有意义的"领域"之间的关系,以及焦点和路径系统在某种程度上是没有决定的。这同样归因于意大利花园别墅(casino)在整个地区中心的特色布置,它位于城市世界向自然世界的过渡点。

巴洛克花园的进一步发展主要归功于安德烈·勒诺特雷,它比其他人更意识到城市层面上的巴洛克空间和景观思想。[66]尽管变化无限,他的花园都以一些简单的原则为基础。主要元素自然非纵向轴线莫属。它形成了"路径",把观赏者引向"目的地":对无限空间的体验,所有其他元素都与这条轴线有关;将路径划分成不同的两半宫殿,通过花坛静止的"文明"世界,矮树丛"人工栽培"的属性以及丛林的"自然"属性,使得从人的"城市"世界到达"开放"的庭院并进而走向无限被定义为一个渐进的通道。横轴和放射形图案的引入,用来表明系统一般的开放延伸。[67]为了使这种扩展更加有效,自然地形转变成为一系列平坦的梯田,同时,大面积水面对于这种体验具有重要作用。在整个构成中,喷泉、水池和运河也引入了一些动态元素。人可以体验开阔海洋的回声,并且常常随着天气而变化。勒诺特雷的纲领性作品是沃－勒－维孔特花园(1656—1661 年)。意大利别墅的三叉在这里改变方向,集中在入口,并且在跟随纵向轴线通过宫殿和花园的主要部分之后,这种运动再一次放射出来,形成另一个三叉形(patted'oic),这种母题被视为勒诺特雷的标记。在某些方面,这种布局是颇具创造性的。花坛与矮树丛不是前后放置,而是层化叠加,在主轴线方向形成宏大的宽度。在沃－勒－维孔特花园,意大利花园的限制被解脱了。勒诺特雷并不是依靠界线来定义空间,而是利用一种开放而规则的"路径"系统来定义空间。他的作品称为理智花园(jardins d'intelligence)也就不足为怪了。凡尔赛使用了同样的基本设计模式,仅仅是规模大得多,而且变化也更丰富,特别是在矮树丛中,我们发现命名的空间,诸如韦尔特大厅、当斯大厅、迪孔塞伊大厅、费斯廷斯大厅等。虽然它变得非常平淡乏味,丛林仍然在大花园中出现,使得狩猎团体能够方便快捷地从一个地方到达另一个地方。整个地区用一条大运河组织,它指明了主要布局方向。

我们曾经讨论过勒诺特雷的思想对城市设计的重要性。但是,空间系统通常必须局限在设防的圆环之内。17 世纪,这些特点发生了重大变化。由于有更强的炮兵,堡垒必须建造得更加低而宽,同时,由于军事土方工事的引入,虽然物理上的分离比以往任何时候都更强烈,但是它能够在城市和周围景观之间建造一个更加渐进的过渡。这种革新主要归功于法国军事建筑师塞巴斯蒂安·勒普雷特瑞·德沃邦(Sébastien Le Prestre de Vauban),他设计了一系列具有创造性的设防和新城镇。[68]最著名的是保存良好的内阿富－布里扎赫(Neuf Brisach,1698 年)。然而,我们应该再次指出,巴洛克城市的观念是开放式的扩展,并且,设防不再是基本空间概念的一部分。

图 60　凡尔赛宫,示意图
图 61　路易·勒沃,凡尔赛,皇家宫
　　　殿,花园立面
图 62　安德烈·勒诺特雷,凡尔赛,花
　　　园,主轴线

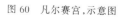

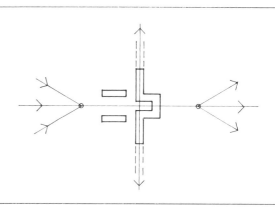

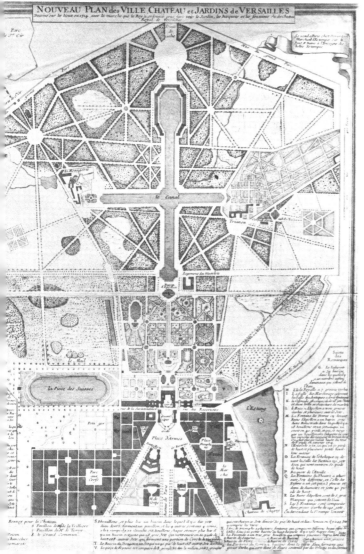

图 63　凡尔赛宫，全景图（17 世纪的雕版画）

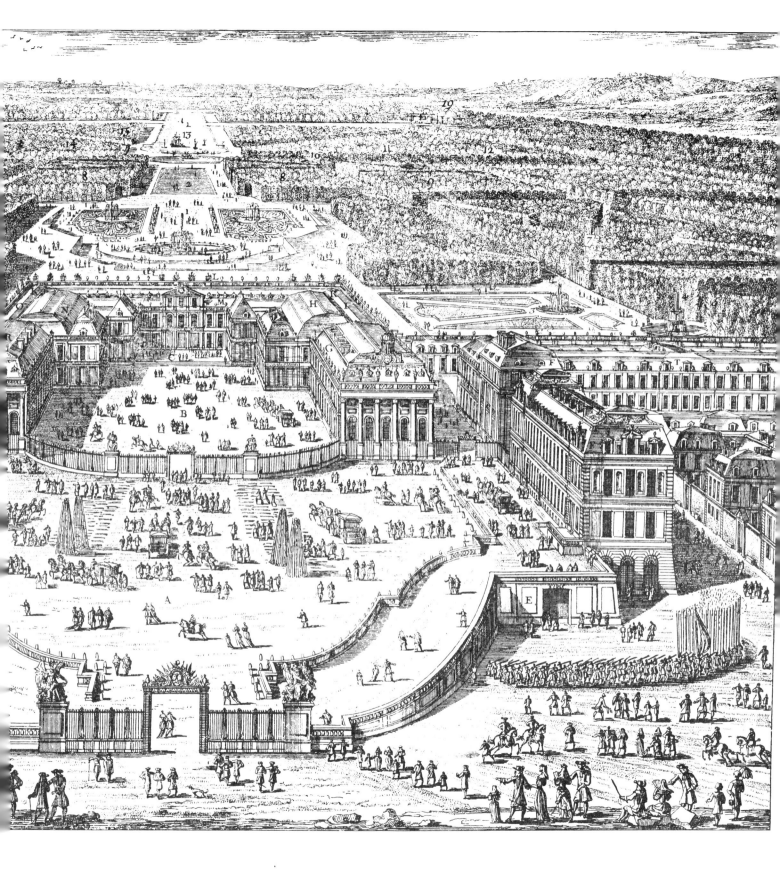

图 64　凡尔赛宫,透视图(雕版画,佩
　　　　雷勒作)

图 65　多梅尼科·丰塔纳,罗马,蒙塔
　　　　尔托别墅(同时期的印刷品)

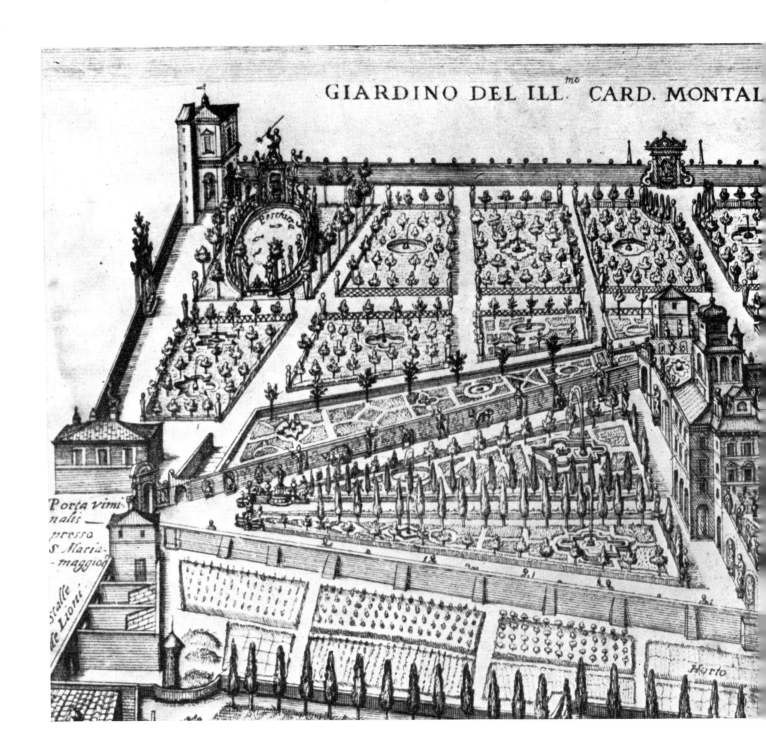

GIARDINO DEL ILL.^{mo} CARD. MONTAL

图 66　D·巴里埃,弗拉斯卡蒂,阿尔
　　　　多布兰迪尼别墅,平面
图 67　贾科莫·德拉波尔塔,卡洛·弗
　　　　拉斯卡蒂,阿尔多布兰迪尼
　　　　别墅

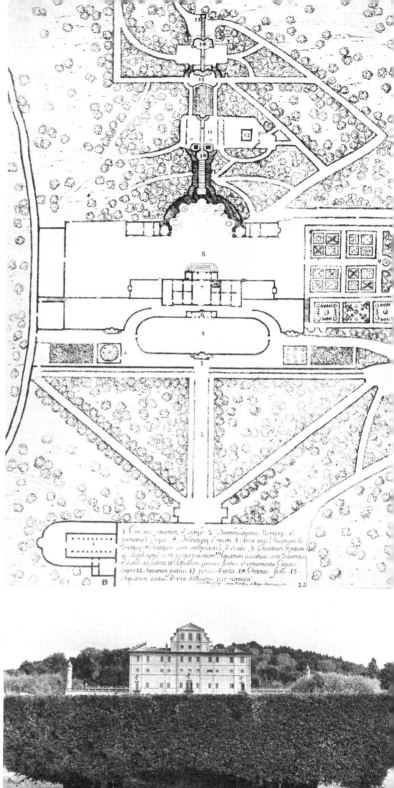

图 68　贾科莫·德拉波尔塔,卡洛·马
　　　代尔诺,阿尔多布兰迪尼别
　　　墅,鸟瞰图
图 69　路易·勒沃,沃－勒－维孔特
　　　大别墅,入口侧的透视(雕版
　　　画,佩雷勒作)

图 70　路易·勒沃，安德烈·勒诺特
　　　　雷，沃-勒-维孔特大别墅，
　　　　沿着主轴线看城堡

图 71　安德烈·勒诺特雷，沃－勒－
　　　维孔特大别墅，花园，鸟瞰图
图 72　安德烈·勒诺特雷，沃－勒－
　　　维孔特大别墅，从花园看建筑
　　　（雕版画，佩雷勒作）

图 73　塞巴斯蒂安·勒普雷特瑞·德
　　　沃邦，内阿富－布里扎赫，城
　　　市平面（同时期的雕版画）

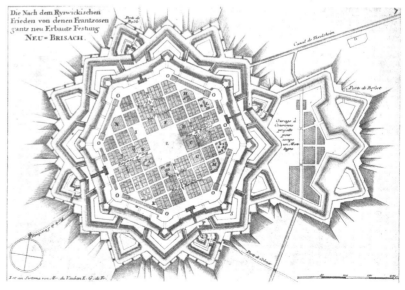

第三章　教堂

导言

我们已经讨论了由罗马宗教改革运动带来的基本建筑意图。到17世纪末期，大多数重要革新应当都归功于意大利建筑师。[1]然而，在此期间，传播已经开始，它给整个天主教世界带来了新思想。在不同国家，罗马形式与本地传统相遇，开始了一种共生(symbiosis)与合成的过程，它导致了地区巴洛克类型学的建立。在大多数国家，这个过程在18世纪达到顶点。然而，在整个发展期间，我们也能够识别一种一般的建筑趋势，蕴藏在原始意图的渐进变化工作中。我们曾经讨论到这样一种愿望，要求传统的纵向与中心化平面达到统一，同时，达到一种新的"中心化纵向平面"和"拉长的中心化平面"的构图结果。为了达到这个目的，新的空间问题等待解决，其中包括空间元素的综合问题等等。我们进一步讨论了教堂与环境之间的新关系，它同样导致了一种更明显的空间相互作用。这个过程十分复杂。一方面，我们可以区分现有类型和元素之间的综合，另一方面是新类型之间的合成发展。[2]由于这个过程并不是跟随一条简单的时序路径，我们将针对基本意图，而不考虑它们的时间早晚。因此，相同建筑师的名字可能出现在不止一个地方。我们把较多的注意力集中在意大利建筑师，特别是波罗米尼和瓜里尼身上，他们比其他任何人都更成果丰硕。除了一些特别重要的法国例子之外，其他国家的成就将在本书最后一章简要论述。我们也将对新教教堂问题展开讨论。事实上，在17世纪，新教教堂建筑仍然犹豫不决。特殊的类型学发展出现在18世纪[3]，虽然其中一些基本意图需要追溯到17世纪甚至更早。

一、传统主题及其转变

耶稣教堂的纵向平面带来了直接影响。我们把罗马贾科莫·德拉波尔塔设计的代蒙蒂圣母院(1580年)作为一个典型的例子，它的平面是穹顶和袖廊形成的传统纵向布局。然而却表现了一种强烈的空间综合愿望。中央部分宽而短(只有三个开间)，袖廊很浅，在人们进入的瞬间，穹顶起着主导作用。

结果，单一空间受到檐口的限定，这个檐口连续围绕整个空间。[4]它的立面代表耶稣教堂引入主题的进一步发展。整体虽然经过简化，但是连接目的相同：立面中心的强调部分例如教堂的纵向轴线是作为一个整体。所有的细部都有助于这个效果的形成：朝向内部的半壁柱定义的空白横向开间、越往中间越多的石膏装饰、断裂的檐部以及柱头下面层拱中央开间的断裂。这样，立面成为一扇大"门"，教堂室内

空间与城市环境相互作用。作为一个整体，代蒙蒂圣母院是迄今为止一项十分精妙而没有得到足够关注的作品。在16世纪最后十年所使用的建筑语言的限制下，它代表纵向与中心化平面的完美结合，以及室内空间和外部造型之间的一种强烈关系。这种合成并没有削弱两个传统方面，因此它们相互靠近，但是它们当中每一个都得到了加强。纵向轴线在我们进入教堂之前已经主导了这种运动，并不是因为建筑被拉长了，而是因为所有的构成——空间元素以及体量——被理解为轴线的功能。而同时，穹顶的效果也得到了强化；为了理解这一点，我们可以把它与15世纪(欧洲文艺复兴初期)教堂的小穹顶作一个比较。因此，代蒙蒂圣母院是由三个重点强调的元素组成："门"、"路径"和"目标"，在建筑上具体表现为立面、中厅和穹顶。所有手法主义的不确定与冲突都已经消失了；三种元素在各自被强调的同时相互"合作"。贾科莫·德拉波尔塔的作品，比大多数其他人的作品更能表达早期巴洛克建筑的基本意图：对说服的强调与形式的综合。

在随后十年间，相同类型的教堂在罗马大量建造。[5]在规模和建筑质量上，最重要的是圣安德烈·德拉瓦莱教堂，1591年，由贾科莫·德拉波尔塔主持建造，1608—1623年由卡洛·马代尔诺建成。[6]1656年至1665年由卡洛·拉伊纳尔迪加建立面。圣安德烈·德拉瓦莱教堂的平面类似耶稣教堂的平面。但是它们有重要区别：伴随中厅的横向教堂更浅，而且高出许多。表现出空间综合增加的趋势。另一个革新是借助于若干束壁柱产生强大的竖向综合，这些壁柱的运动突破整个檐部，并且在宽大的横肋中延续。然而，强烈而重复的水平线维持着一个协调一致的空间定义。总体效果是一个骨架；强有力的基本系统似乎沉浸在一个开放的空间中，没有像文艺复兴建筑一样给予演绎(a priori)，却是借助造型系统和允许渗透光线的作用得以形成。作为一个有机体，圣安德烈·德拉瓦莱教堂可以被认为不像代蒙蒂圣母院那样先进，但是，它仍然包括四个小的次要穹顶，围绕在中心主体周围，它是文艺复兴组群添加物的残迹。这可能是因为这样一个事实，那就是圣安德烈教堂是一个巨大的教堂。在较小的建筑中革新更容易实施，这同样是由于技术上的原因。但是从连接来考虑，圣安德烈教堂也表明了向巴洛克的连续性和造型可塑性方面迈出了一大步。[7]这对于由马代尔诺设计的原始平面同样适用，在原始平面上，成对出现的柱子和半柱创造出某种华丽的修辞强调。一般的垂直连续性得到表现，并且在穹顶中继续下去。[8]拉伊纳尔迪设计的立面非常忠实于模型，而垂直性被檐部和山花顶部的檐口上更多的中断所强化。[9]

◁图 74　贾科莫·德拉波尔塔，罗　　图 75　贾科莫·德拉波尔塔，卡洛·马
　　　　马，代蒙蒂圣母院　　　　　　　　　　代尔诺，罗马，圣安德烈·德拉
　　　　　　　　　　　　　　　　　　　　　　瓦莱教堂，平面(引自《建筑与
　　　　　　　　　　　　　　　　　　　　　　城市规划百科词典》)

图 76　罗马，圣安德烈·德拉瓦莱教
　　　　堂
图 77　罗马，圣彼得大教堂，中厅 ▷

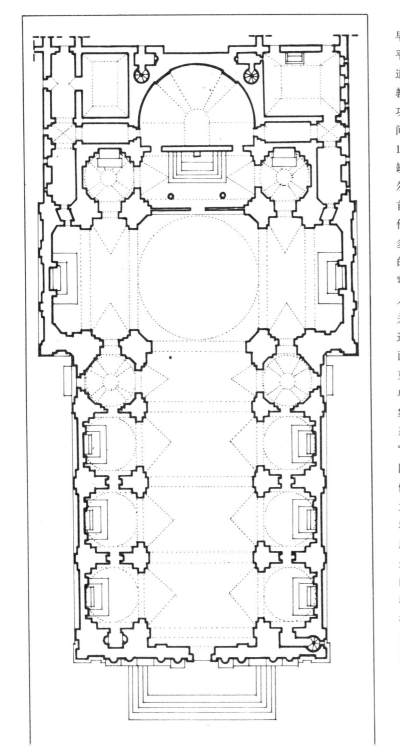

然而，如果不讨论马代尔诺设计的圣彼得教堂(1607—1612 年)，早期巴洛克纵向教堂的基本问题并没有完结。米开朗琪罗的中心化平面因为功能原因而受到严厉批评。1595 年，穆坎特(Mucante)写道："新的圣彼得教堂对于群众庆典来说确实不合适，因为它不是按照教会的原则建造的；因此，教堂将不适合高雅而便利地举行任何神圣功能的庆典。"[10]同时，米开朗琪罗的方案同样不适合必需的次要空间，例如小礼拜堂、圣器收藏室和最重要的祝福廊(benediction loggia)。1605 年，卡米洛·博尔盖塞成为教皇保罗五世之后，他试图纠正这些缺点。1607 年，在罗马的著名建筑师中举办了一场竞赛。卡洛·马代尔诺中选，1608 年 7 月 15 日，新立面奠基。1611 年，罗马教皇的祝福首次从新的祝福廊发出，1615 年，中厅的拱顶完工，1626 年，中厅被用作祭祀。马代尔诺的中厅与立面也许在建筑史上受到讨论和批评最多。勒·柯布西耶写道："(米开朗琪罗的)整个设计将上升为一个单一的群组、唯一与全部。眼睛将把它作为一件东西。米开朗琪罗完成了穹顶的半圆形壁龛和鼓座，其余落入野蛮人的手中；一切都被损坏了。人类失去了最具有智慧的作品。立面本身非常美丽，但是与穹顶毫无关系。建筑的真正的目标是穹顶：它被掩盖了！穹顶与半圆形壁龛有适当的关系：他们被掩盖了。门廊是实体组群：它变成了仅仅是前立面。"[11]这段话很好地说明了马代尔诺需要面临的问题以及早期巴洛克建筑的意图。勒·柯布西耶明显了解米开朗琪罗的设计意图："一个单一的群体，惟一与全部"，也就是，一个本身已经完成的"事物"，一个象征性的演绎形式，它与城市环境和观赏者没有任何直接和紧迫的关系。通过增加一个被功能所决定的中厅与立面，马代尔诺使教堂变成"……群众礼拜的工具，带有宣传的目的，但是基于意识形态的前提，团体的虔诚，或更精确地说，整个基督教的世界构成了教堂真正的身体，它不仅仅是一个观众，而且也是仪典的牧师。马代尔诺的长中厅无疑摧毁了米开朗琪罗单一的戏剧性统一和让人烦恼的群体，但是从城市空间来看，它也扩展了长方形基督教堂(巴西利卡)，并且因此形成了纪念性的城市功能……"[12]因此，我们领悟到，引入一条纵向轴线是宗教改革运动时代的本质愿望，他使教堂成为空间环境中一个积极的参与者，进而表达出教堂在世界的角色。正如今天强调的，圣彼得教堂形式的统一，仅仅在我们想要这个意义时才变得明显，而不是勒·柯布西耶的论述中想要的理想的文艺复兴思想。反过来说，我们也可以说米开朗琪罗的平面为增加一个中厅提供了便利，如果布拉曼特(Bramante)的方案连同它的次要空间一同实施的话，中厅就不是这种

情况了。布拉曼特规划的中心化有机平面的特点就是能够向四面八方各个方向扩展；这可能就是为什么他和他的追随者似乎从来不安排有功能需要的中厅。[13]当米开朗琪罗切除次要空间之后，它获得了一种中心化，这种中心化能够作为纵向运动的目的。由于有充分的能力，马代尔诺实施了这项扩建，重复了布拉曼特的内部连接和米开朗琪罗的室外系统，其中没有任何打断。然而，侧廊却完全是他的意图。他们的这些特征被作为造型强烈而同时有些华而不实的壁龛的连续，创造出一种华丽而令人信服的效果。立面来源于米开朗琪罗的系统，但是，巨柱朝向中间部分显示出造型可塑性增加的特点。一个"正常的"两层长方形基督教堂（巴西利卡）立面将把穹顶中仍然可见的部分隐藏起来。[14]规划中的钟楼应该连接我们今天能够感受到的额外长度。[15]

到此为止，我们已经描绘了早期巴洛克纵向教堂的发展。它的特点概括为对纵深运动的强调，就像穹顶的垂直轴线一样。在最好的例子中，两方面充分组合起来，但是，并没有融合形成任何新的合成形式。立面总是忠实于传统的由阿尔贝蒂在圣玛丽亚·诺韦拉教堂中引入的两层方案。[16]但是由于喜欢对中央路线也就是"入口"作一般强调，每个单一的部分都已经失去了他们的独立性。为了达到这个目的，朝向中心方向上造型可塑性的增加变得普遍。

这个平面在整个17世纪中一直在重复，在意大利以外的地区也是如此。例如，作为一个重要的例子，在巴黎，我们可以讨论1645年弗朗索瓦·芒萨尔设计的瓦尔-德-格拉斯教堂。[17]从平面可以看出，中厅由三开间组成，像上面讨论的罗马教堂一样，同时，作为结束的穹顶被四个次要的小礼拜堂围绕。然而，这些小礼拜堂并没有像一般情况那样与中厅和教堂的袖廊连接，而是直接沿着对角线方向轴线的十字开口。为了使之成为可能，带有穹顶的墙墩被大大扩展了。结果，支撑穹顶的墙墩被加大，而且非常可观。因此，穹顶的规模和重要性增加，更进一步的结果被教堂半圆形壁龛强化，而不是用教堂的袖廊唱诗班席位来加强。由于采用这种解决方式，芒萨尔在晚期巴洛克时代中心化纵向教堂平面上迈出了重要一步。事实上，它宽大的墙墩，在18世纪中欧地区的教堂中变得更加普遍。[18]立面遵循罗马的模型，但是门廊有自由的柱廊和三角形山墙，因而带来了某种"古典"的成分。

在16世纪最后十年和17世纪头十年，大量较小的中心化教堂建筑建造起来，同时出现了新的平面类型：纵向椭圆形平面。纵向椭圆

代表了最明显的纵向和中心化合成，因此，无论在实际还是在象征意义上都满足了这个时期最基本的意图。然而，它并不能完全适用于大型建筑，同样是由于技术原因，也就是如何在巨大的椭圆空间上建造一个穹顶。维尼奥拉是建造椭圆教堂的第一人；在弗拉米尼亚大道的圣安德烈教堂（1550年），长方形空间被一个椭圆穹顶覆盖，在圣安娜·代帕拉弗雷尼雷教堂（1572年）中，整个空间已经变成了椭圆形。设计耶稣教堂的建筑师因此创造出对整个巴洛克发展来说另一个重要的原型。[19]

维尼奥拉的学生，弗朗切斯科·达·沃尔泰拉（Francesco da Volterra）、维托齐和马斯凯里诺（Mascherino）从事椭圆教堂的设计。在17世纪和18世纪，椭圆一次次地出现，成为一个基本的造型和构成元素。在罗马，早期阶段最重要的例子是圣贾科莫·德利因库拉比利教堂，1590年由沃尔泰拉设计，1595年至1600年由马代尔诺完成。维托齐设计的位于皮埃蒙特靠近蒙多维的椭圆形朝圣教堂（1595—1596年）更是大得异常。[20]作为一个完整而"特殊的"形状，椭圆提供的变化可能性极少。因此，在17世纪的建筑中，椭圆经常作为更复杂的有机体的起点，特别是在波罗米尼设计的作品中。由于纵向椭圆将运动与集中、线性与辐射融为一体，它是巴洛克的基本形式之一。它清晰而非理性的特点尤其适合罗马教堂的表现目的。

然而，在整个巴洛克时期，我们也发现了中心化的小礼拜堂，它们是基于更传统的模型，例如方形、圆形或者八角形。在弗拉米尼奥·蓬齐奥（Flaminio Ponzio）设计的大圣玛丽亚教堂（1605—1611年）的保利纳祭坛，以及沃尔泰拉与马代尔诺设计的在切利奥的圣格雷戈里奥教堂（1600年）的萨尔韦亚蒂祭坛中，一种更具说服力的装饰与连接的愿望已经非常明显，在后一个例子中，完整的柱廊位于角部，以便接收帆拱的延伸。然而，真正的动机显然是来自追求更丰富而更具可塑性的连接的愿望。在后来的中心化小礼拜堂中，我们可以选择乔万尼·安东尼奥·德罗西设计的位于拉泰拉诺宏伟的圣乔万尼教堂的朗瑟洛蒂祭坛（约1675年）[21]加以讨论，这个小礼拜堂由相互交叉的圆筒和半球组成。因此，穹顶变成了我们所知道的"波希米亚帽"。一个为神坛建造的浅壁凹室创造出一条弱轴线方向。对角放置的四分之三壁柱支撑一个强大的檐部抹灰出挑，提供了一种明确的垂直方向感，并且在环形采光塔的肋端继续。这种结构被辉煌壮丽的抹灰工艺所强调，因此与"填充其中"的简洁的墙表面形成对比。整个有机体被感知为由次要墙壁围合的一个竖向统一华盖，这种解决方式在18世纪欧

图 78　巴黎,瓦尔－德－格拉斯教
　　　堂(同时期的印刷品)
图 79　弗朗索瓦·芒萨尔,巴黎,瓦
　　　尔－德－格拉斯教堂,平面

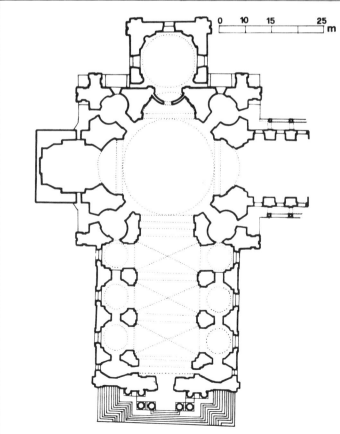

洲中部的教会建筑中非常重要。

　　17 世纪,在罗马或者罗马附近建造的中等规模的教堂中,很少有正常的中心化平面能够像朗瑟洛蒂祭坛一样富有创造性。伯尼尼设计的位于阿里恰的圣母升天教堂(1662—1664 年)源自万神庙(Pantheon)。然而,简单而规则的室内通过造型化的装饰变成了巴洛克式的"神秘行动",就像威特科尔(Wittkower)很好地证明了一样。这座教堂献给圣母玛丽亚,根据传说,欢快的天使在她升天的那天散播鲜花。天上神圣的使者坐在"天堂的穹顶之下,这个穹顶将接纳上升的圣母,神坛后墙上的圣母升天油画中隐约显出神秘。"[22]室外表明教堂是典型的巴洛克城市设施的一部分。它正对萨韦利－基吉宫,而且侧面配有对称的门廊,门廊有成对的壁柱和直檐部。教堂宏伟的体量前面是表现力丰富的门廊、三角形山墙和两个独立壁柱之间的拱。一种巴洛克的空间与体量的相互影响,在降低到它的基本原则之后创造出来。在阿里恰的这座教堂清楚地表现了伯尼尼成熟的简单而伟大的手法。他在甘多尔福城堡(1658—1661 年)附近的教堂以传统的希腊十字平面为基础,而且有一种强烈的垂直性强调,这种强调通过穹顶的一般比例和肋支撑交迭在一个平顶嵌板图案的连接来实现。在它的背景中,教堂在甘多尔福城堡的纵向城市空间中引入了一条垂直轴线,然而,伯尼尼最重要的教堂是圣安德烈·阿尔·奎里内尔(1658—1670 年)。[23]它的平面的确很有创造性:一个横椭圆被一条"纵向"轴线穿过,这条轴线由强烈标识的入口和一个同等重要的(位于教堂的唱诗班东侧)司祭席定义形成。[24]伯尼尼并没有用椭圆的长轴来达到一种"轻松"的纵向性,而是在主要方向之间引入一种明显的力量感,至少在表面上如此。对平面作进一步审视,我们将发现,横轴线的空间重要性通过让它撞上实壁柱而不是撞上小教堂,使之中立化。运动因此受到阻碍,我们体验到两个放射"星形"伴随从入口到神坛的主要运动,而不是方向的矛盾冲突。明显是在模仿圣彼得罗广场。主轴线的重要性由神坛壁龛前面的柱廊壁龛重点强调。"在这里,在山墙凹面的开口中,圣安德鲁(St. Andrew)高飞在云上的天空。所有的建筑线条汇聚在这个雕塑上,在这里达到高潮。与其他的教堂相比,有一点更加引人注目,那就是观赏者的注意力被戏剧性的事件所吸引,这需要归功于它的提示性力量,这种力量能够控制建筑严格的控制线(severe lines)。"[25]室外与室内的关系同样用一种创造性的方式加以解决。在教堂前面,两道四分之一墙面形成了一个小广场,这些墙面有相同的直径,用来定义内部的圆形空间。[26]这些墙面与教堂体量的结

图 80 弗拉米尼奥·蓬齐奥,罗马,大
圣玛丽亚教堂,保利纳祭坛

合处,正是教堂宏伟而平坦的壁龛立面的附着处。因此,壁龛看上去
是一扇门,这扇门位于一个公共主题下的两个空间变奏之间。这种过
渡转换被从立面向圣安德烈·阿尔·奎里内尔广场伸出的半圆形门廊
所丰富,它显示了巴洛克简单主题转换的可能性。然而,它代表的是
一种特殊的解决方式,而没有对新类型学的发展作出贡献。把他们放
在一起来看,伯尼尼的教堂清楚地阐明了他偏爱表达清楚的基本体
量。罗马巴洛克建筑的"古典"大师为我们设计的教堂是以那个时代
的基本形体为基础,这一点很少有意外。[27] 这种一般性的方法在欧洲
其他地方产生了强大影响,这种影响无论是在宗教还是在世俗建筑中
都存在。

伯尼尼的教堂用连续的檐部,表现了穹顶和穹顶下空间之间的
一种传统划分,卡洛·拉伊纳尔迪在德尔波波洛广场的圣玛丽亚·代米
拉科里的圆形教堂(1661—1663 年)中,试图取得更强烈的垂直融合。
在这里,我们发现了一个鼓座,它被认为是转换的一个暧昧区,在主轴
线上被高拱穿过,因而也形成了某种纵向性。

在有创造性解决方式的意大利巴洛克中心化教堂中,我们可以选
择维托齐设计的位于都灵的圣三一教堂加以讨论。在这里,可能基于
象征的原因,圆形平面被划分成三部分。结果与中心化空间传统的、
静态的特点明显决裂。类似的象征性平面在中欧的巴洛克教堂中也
有发现,尤其是如果它们与三位一体有关联的话,更是如此。[28]

圆形教堂的古典特征特别适合表现 17 世纪法国建筑的基本意
图。巴黎圣安东尼大道的天罚教堂(1632—1634 年),由弗朗索瓦·芒
萨尔为圣母玛丽亚的侍女们(Filles de la Visitation de Ste. Marie)建
造。[29] 它表现为一般的中心化平面布局,主轴上有开放的小礼拜堂,对
角线方向有封闭的小礼拜堂。所有的礼拜堂都呈椭圆形,与轴线方向
横向布置。大礼拜堂连接主要空间的方式很有革命性,它并不是"增
加"为一个完整的体量,而是与圆形空间相互渗透,用这种方式,他们
变得不完整。就我们的知识而言,这是巴洛克教堂第一个空间相互渗
透的例子。[30] 这个教堂同样表现了创造性特色:穹顶在一定的高度被
切断了,同时,另一个较小的穹顶在采光塔下插入,这样增加了垂直
性。立面被设计为一个大拱,其中插入了一个小壁龛。简单而统一的
平面方案满足了巴洛克教堂立面的基本意图,但是,却与同时代罗马
教堂复杂的立面形成对比。伴随着伯尼尼的圣安德烈·阿尔·奎里内
尔教堂(1658 年),罗马建筑达到了一种相应的合成解决方式。[31] 天罚
教堂造成了强大的影响,但是在1662年瓜里尼到达巴黎之前,空间渗

图 81　乔万尼·安东尼奥·德罗西,罗马,拉泰拉诺的圣乔万尼教堂,兰切洛蒂祭坛,穹顶细部

图 82　詹洛伦佐·伯尼尼,阿里恰,圣玛丽亚圣母升天教堂(雕版画,法尔达作)

图 83　阿里恰,圣玛丽亚圣母升天教堂,室内(雕版画,法尔达作)

图 84　罗马,圣安德烈·阿尔奎里内
　　　尔教堂,室内穹顶
图 85　詹洛伦佐·伯尼尼,罗马,圣
　　　安德烈·阿尔·奎里内尔教
　　　堂,示意图
图 86　罗马,圣安德烈·阿尔·奎里
　　　内尔教堂,平面(德洛古提
　　　供)

图 87　罗马,圣安德烈·阿尔·奎里内
　　　尔教堂,立面

透的观念很少被理解。事实上,在瓜里尼的作品中,第一个空间渗透的例子是巴黎的圣安妮 – 拉 – 罗亚尔教堂(1662—1665 年)。[32]

迄今为止,我们已经讨论了一些例子,这些例子并不代表任何创造新类型的真正尝试。然而,在涉及波罗米尼和瓜里尼的根本性贡献之前,我们必须讨论一些包含这些想法的建筑,它们为后来的进一步发展引入了新的有意义的可能性,这些可能性对后来的发展有一定的重要性。其中第一个是把两个穹顶空间联系起来,强化中心化有机体的纵向轴线,首次与传统的纵向教堂中厅相协调。这种思想可以追溯到 16 世纪;我们以维罗纳附近由圣米凯利设计的坎帕尼亚圣母院(1559—1561 年)为例[33],一个带有不规则希腊十字平面的司祭席加在一个八角形"中厅"上,这种想法在洛伦佐·比纳戈(Lorenzo Binago)建造的米兰圣亚历山德罗教堂(1602 年)时已经出现。在这里,主教堂由五个大穹顶组成,类似布拉曼特的圣彼得教堂平面。东侧增加了一个更小的带有碟形穹顶的希腊十字。在主穹顶和神坛穹顶之间的过渡空间对于两个希腊十字都非常普遍,因此,创造出一种有特色的巴洛克互锁空间,产生了一种强烈的纵向运动效果,而与此同时,中心为扩大的直径和支撑十字拱的柱廊所强调。

几年之后,我们在另一个米兰教堂中发现了相同的基本想法,这个教堂就是由弗朗切斯科·马里亚·里基诺(Francesco Maria Ricchino)设计的小圣朱塞佩教堂(1607 年)。在这里,主要空间通向一个八角堂,对角轴上的墙墩被大大加宽,以便容纳壁龛和祭台旁有窗的小室。同样,在这里,主要空间由柱廊来加以区别。司祭席通过普通的混合柱式加入到八角形中,类似墙的连接。一般来说,圣朱塞佩教堂是这种类型中令人惊讶的成熟例子,这种类型在 18 世纪的中欧地区变得非常重要。[34]

在意大利,这种类型在巴尔达萨雷·隆盖纳的圣玛丽亚·德拉萨卢特教堂(1631—1648 年)中达到顶点。这个教堂是 1630 年瘟疫之后为供奉而建造的,它自然接受了中心化平面。[35]然而,主八角堂上添加了一个带穹顶的避难所,避难所的横轴线方向有半圆形壁龛,中央神坛附近一个开放的屏风,因此类似帕拉第奥弧齿状(Redentore)的中心化部分。威特科尔的功绩正是指出了圣玛丽亚·德拉萨卢特教堂的建筑特性[36],他指出了用回廊围绕八角堂这种手法在希腊罗马后期和拜占庭时期的祖先,以及隆盖纳连接的早期文艺复兴和帕拉第奥模型,这些模型将灰色石头用于结构部分,将粉刷用于墙面和填充部分。"然而,作为对比,对于佛罗伦萨的传统做法而言,颜色总是保持一贯

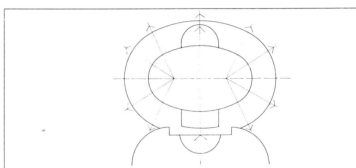

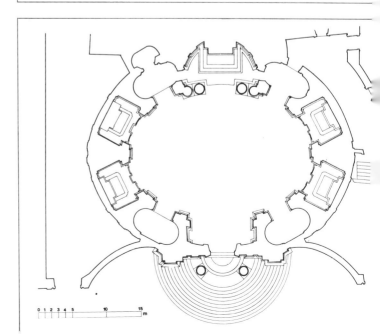

图 88　都灵,圣三一教堂,室内

的参照系统,隆盖纳的颜色方案是不符合逻辑的;颜色对他来说是一个视觉装置,能够让他支持或压制构成的元素,因而指导观赏者的视觉景象。"[37]事实上,圣玛丽亚·德拉萨卢特教堂的两个主要空间被视觉手段结合在一起,"尽管有文艺复兴式的孤立的空间实体,尽管有精心计算过的八角形中心化,行进在纵向轴线上有优美的景色,但是在圣玛丽亚·德拉萨卢特教堂中,舞台上的场景看上去似乎在侧翼后面。隆盖纳没有像罗马巴洛克建筑师那样把视线吸引过去,而是让它悄然沿墙而行,并欣赏空间的连续,他不断决定穿过空间的景致。"[38]这个特殊的威尼斯特色在室外也极为明显,在室外,两个空间关系密切的穹顶形成了一个生动的群组。立面表现了如何使帕拉第奥巨大的柱廊适应中心化建筑。它的构件(或大或小)是室内的重复,因此,创造出一种以类似的目的为基础的协调。巨大的中央拱也是室内的重复,同时它对纵向轴线起着强调作用。因此,圣玛丽亚·德拉萨卢特教堂表现了巴洛克的基本意图如何能提供一种令人信服的"地区性"诠释。

　　法国的中心化平面教堂的主要作品,也就是朱尔·阿杜安-芒萨尔设计的因瓦尔德斯大教堂(1680—1707 年)提供了相同主题的另一种地区性诠释。由于教堂建造在利贝拉尔·布卢盎的因瓦尔德斯旅馆(1670—1677 年,或译荣军院——译者注)主轴线上,与布卢盎的教堂联系需要一条明显的纵向运动。路易十四同样想要一座有价值的带有穹顶的纪念性建筑。阿杜安-芒萨尔以 16 世纪的古典方案,也就是米开朗琪罗设计建造的圣彼得教堂为基础进行设计。中心化的平面非常适合这项建筑任务,也同样适合旅馆两个侧翼之间的用地。对于这个传统方案,阿杜安-芒萨尔增加了一个宽敞的避难所,大致为椭圆形,向一个已经存在的礼拜堂开口,所需的纵向轴线由此形成。[39]然而,阿杜安-芒萨尔的解决方案在其他重要方面与米开朗琪罗的平面相去甚远。主要希腊十字的双臂相对较短,由此整个建筑看上去是一个方块。角部次要穹顶通过对角方向的开口与主圆形空间结合起来,这种解决方式源自弗朗索瓦·芒萨尔的瓦尔-德-格拉斯教堂,结果形成群体与空间的一种增加的综合。这种综合主要表现为一种强烈的竖向发展,它通过使用切断的穹顶而得到重点强调。室外展示了一种相应的连接。因此,立面建立了朝向中心的造型可塑性,同时,通过鼓座之间适当地引入阁楼和圆屋顶来增加穹顶高度。强大的扶壁放置在对角线上(事实上它们在结构上是完全正确的)。使穹顶失去了"静态"与"完美"的外表,这种强大的垂直动力在对角方向采光塔的小尖塔中达到高潮。毫无疑问,因瓦尔德斯大教堂是巴洛克时代最令

图 89　弗朗索瓦·芒萨尔，巴黎，天　图 91　巴黎，天罚教堂，室内仰视图
　　　 罚（Visitation）教堂，平面（布
　　　 兰特提供）
图 90　天罚教堂

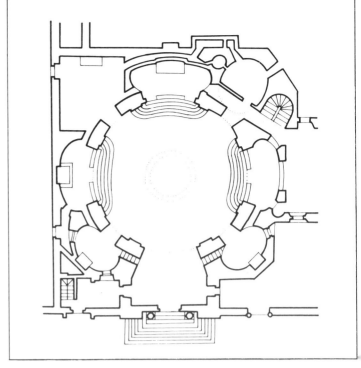

人信服的中心化结构，它形成了古典建筑和哥特式垂直主义的一种特
异的合成，它由弯曲的拱廊和四个较小的穹顶结构来定义。很遗憾，
教堂前一个宏伟壮丽的场所始终未能建成。

　　建造拉长的中心化平面还有另一种可能性，就是让希腊十字的双
臂有所不同（当然没有达到拉丁十字那种程度）。这个主题被罗萨托·
罗萨蒂（Rasato Rosati）用在了罗马的圣卡洛·阿伊卡蒂纳里教堂
（1612—1620 年）中。[40] 罗萨蒂通过缩短教堂的袖廊，增加一个额外的
开间和半圆形壁龛，让希腊十字有明显的纵向方向性。这种效果由双
臂之间的椭圆礼拜堂来强调，这个礼拜堂有主要入口面对中厅。然
而，与此同时，由于高穹顶坐落在大量伸出的墙墩上，所以中心极为重
要，而双臂被平壁柱连接。墙墩外表的覆盖物使之类似于壁柱，其黄
色色彩在入口空间周围形成了一种连续系统的印象。因此，尽管有纵
向轴线，空间有统一和整体的特色。作为一个整体，圣卡洛·阿伊卡蒂
纳里教堂是早期巴洛克平面中一个有说服力的例子。教堂对于后来
的发展产生了一定的影响。勒梅西埃（Lemercier）设计的巴黎索邦教
堂（1636—1642 年），很明显是源自圣卡洛·阿伊卡蒂纳里教堂[41]，在索
邦教堂中，主轴线更长，同时横向礼拜堂有两个开口面向中厅，表示未
建成的侧廊。因此呈现出一种长方形基督教堂（巴西利卡）的效果。
然而，穹顶位于正中心，以使横向立面对称，因为它对于形成大学庭院
的一片墙面是必要的。

　　在彼得罗·达·科尔托纳设计的圣卢卡和马丁娜教堂（1635—1650
年）中，拉长的希腊十字主题找到了最令人信服的盛期巴洛克诠释[42]，
1634 年，科尔托纳被选为圣卢卡神学院的主教，随后几年，他开始重
建学院教堂。他以圆形平面作为起点，类似米朗琪罗设计的圣乔万
尼·代菲奥伦蒂尼教堂。它让穹顶支托在整个柱列之上，科尔托纳强
调中央空间，同时通过放射形分布墙面来划分，他让后面的礼拜堂看
上去是一个连续的回廊。对造型和空间进行综合的强大愿望非常明
显。在规划的过程中，科尔托纳显然试图达到一条真正连续的空间界
线。结果是采用主轴线稍微拉长的希腊十字平面；在这里，开间事实
上比教堂的袖廊更宽，后殿是半圆形（属于袖廊的部分变平了）。然
而，其中的区别在室内很少能够感觉到。空间具有特异的统一特点，
由围墙丰富的立体造型加上缺乏色彩差异来决定。它使用的基本元
素是爱奥尼柱廊，通过柱廊变化来表现结构与围合的区别。整个柱廊
看上去位于穹顶的下面，在教堂半圆形壁龛上表现基本结构。在柱列
之间，墙突出或者后退。通过定义与后面次要体量相关联的伸出壁

图 94 米兰,圣朱塞佩教堂,室内

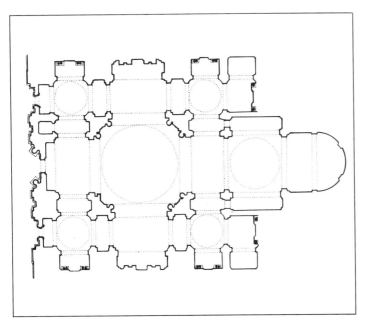

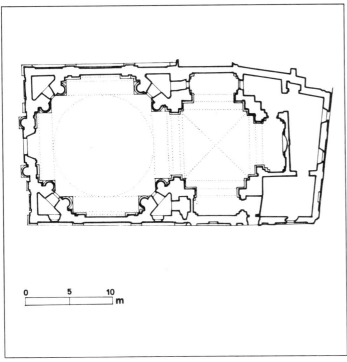

0   5   10
m

柱,中间开间被赋予了一种横向的方向感,教堂半圆形壁龛是完全"开放"的:构件看上去似乎是一个骨架,在室外被薄的次要墙面覆盖。同样的"开放性"也出现在半圆形壁龛的半穹顶上,与主穹顶一样。主穹顶有一种摆动的星形藻井,看上去位于结构肋骨后面。因此获得了群组与空间的一种特异的、有意义的相互作用。这对于室外和室内之间的有机关系也同样适用。事实上,外墙是内部空间的补充,著名的弯立面表现了后面的半圆形壁龛。[43]它使用的主要柱式也在重复室内构件,入口侧面的柱廊表现了后殿的开放性。在所有的立面中,弯曲的中央部分看上去在直角布置的墙墩之间,这些墙墩被当作主要体量的一个动态参照系。事实上,建筑似乎是活的,像一个强健的身体一样,它呼吸、收缩和膨胀。主轴线延长和平坦的袖廊不是固定的形式,但是似乎成为此时此地发生过程的结果。因此,圣卢卡和马丁娜教堂比任何其他例子更好地表达了传统主题的巴洛克转换。科尔托纳并没有把教堂变成一个自然主义(naturalistic)装饰的说服舞台(伯尼尼),而是让建筑本身"存在",并且因此认识真正的巴洛克建筑。[44]

在上面讨论的例子中,中心化平面被当作一个起点,在不同的过程中,或多或少引入了明显的纵向轴线。如果我们从一个纵向有机体开始,那么出现了一个引入中心的问题。最简单的解决方法是建立一条横向对称轴线。创造这种"双轴"有机体的第一次值得注意的尝试应当归功于吉罗拉莫·拉伊纳尔迪。1620 年,他在卡普拉罗拉建造了一个有趣的圣特雷莎教堂。[45]这个有机体是一个简单的长方形体量,上面覆盖了一个大筒拱顶。在两端,我们发现了相同的母题:一个浅壁凹室被自由的柱子划分成三个开口。中间较宽的开口上面有拱,而侧面的开口有一个直额枋。这个额枋向中央的开口延续,它结束的地方正对空外墙,进而具有次级"填充"的特征。完全相同的母题在横墙中心重复出现,由于它们更长,由此在端头留下了另外的开间,它能够非常方便地用于忏悔。这些开间用上面提到的额枋合并到系统中,因此创造出一种强大的中心化特点,与此同时,空间保持了它一般的纵向特性。它的统一特点被环绕整个室内的强大檐口重点强调。吉罗拉莫·拉伊纳尔迪一般被看作是一个二流建筑师,但是在圣特雷莎教堂中,他建立了纵向与中心化方案的创造性结合。连接同样也预示出一些想法,这些想法需要在 18 世纪加以繁荣,特别是主轴线被当作室内和室外之间的联系。事实上,在这里,拱突破了主要额枋与檐壁,并且在它们与外墙交接的地方,空白的填充表面表现了方案的"开放性"。[46]我们也需要讨论室内系统的一般透明度。

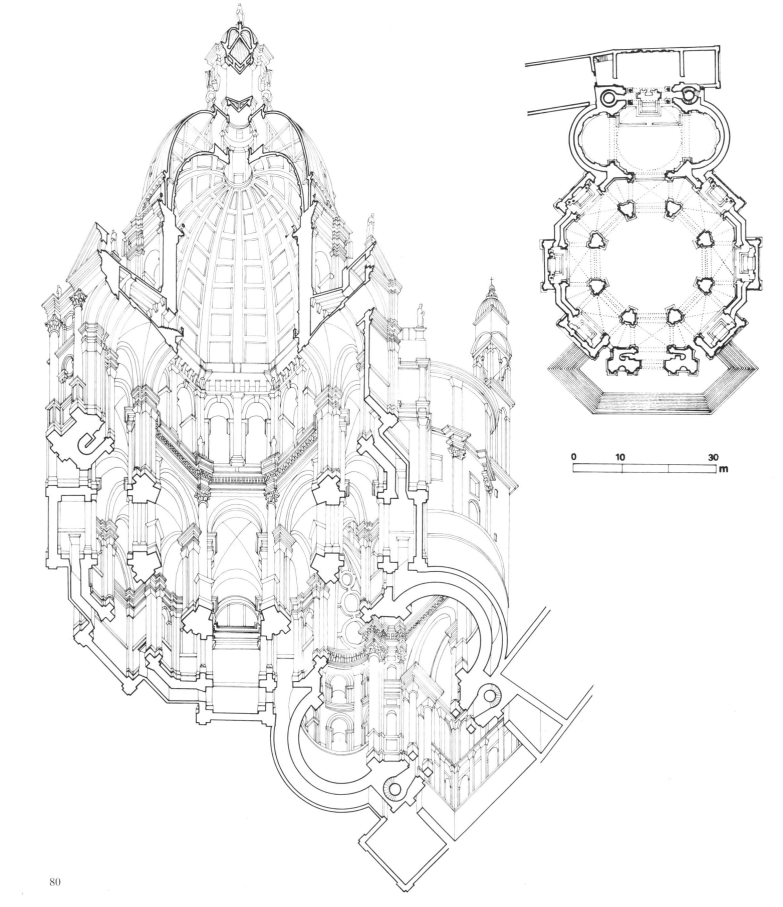

0   10   30

m

图 95　威尼斯,圣玛丽亚·德拉萨卢
　　　特教堂,轴测图(引自《建筑与
　　　城市规划百科词典》)

图 96　巴尔达萨雷·隆盖纳,威尼斯,
　　　圣玛丽亚·德拉萨卢特教堂,
　　　平面(引自《建筑》,第Ⅰ卷,
　　　1955 年)

图 97　威尼斯,圣玛丽亚·德拉萨卢
　　　特教堂,檐口

图 98　利贝拉尔·布卢盎,朱尔·阿杜
安－芒萨尔,巴黎,因瓦尔德
斯旅馆,平面(吕尔萨提供)

图 99　朱尔·阿杜安－芒萨尔,巴黎,
因瓦尔德斯大教堂,轴测图
(引自《建筑与城市规划百科
词典》)

图 100　朱尔·阿杜安－芒萨尔,巴
黎,因瓦尔德斯大教堂(同
时期的雕版画)

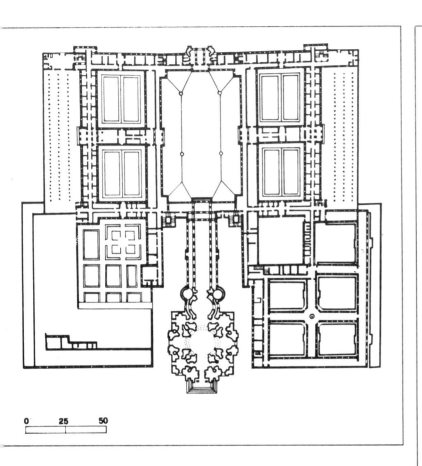

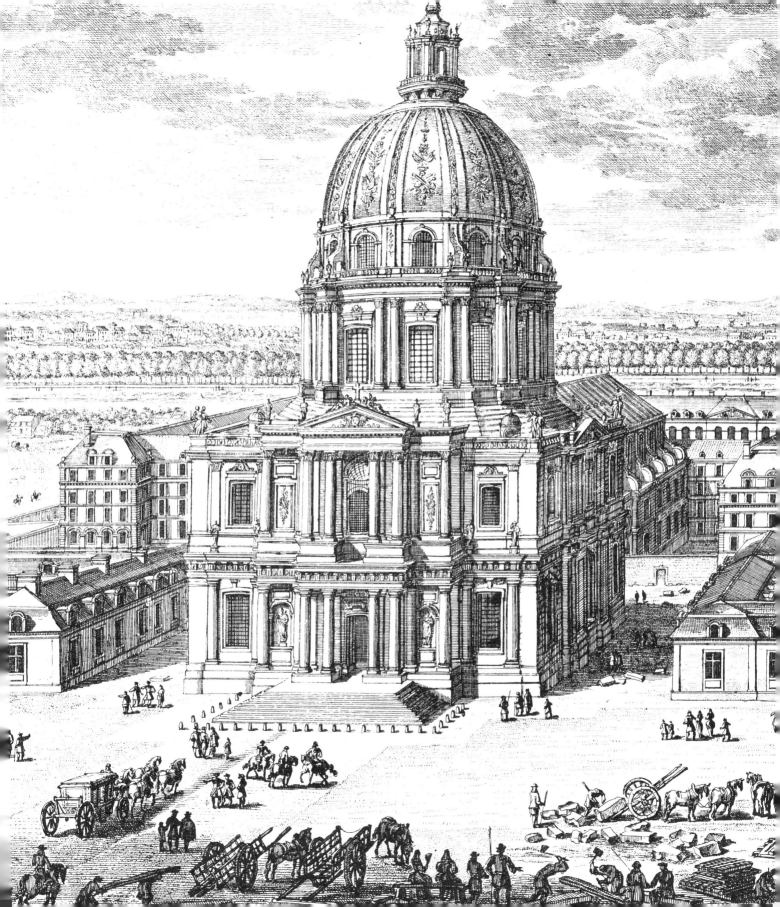

图 101　巴黎,因瓦尔德斯大教堂,室
　　　　内
图 102　巴黎,因瓦尔德斯大教堂,外
　　　　观

图 103　罗萨托·罗萨蒂,罗马,圣卡
洛·阿伊·卡蒂纳里教堂,平
面

图 104　罗马,圣卡洛·阿伊·卡蒂纳
里教堂,立面

图 105　罗马,圣卡洛·阿伊卡蒂纳里
教堂,室内穹顶

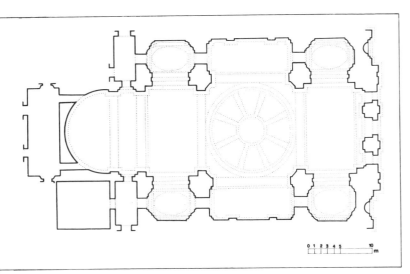

在罗马,乔万尼·安东尼奥·德罗西设计的位于普布利科利斯的圣玛丽亚小教堂中(1640—1643 年),我们找到了一个双轴线中厅,但这里增加了一个司祭席,司祭席的帆拱部分被横向椭圆碟形穹顶覆盖。进而,双轴线类型与两个中心化单体连续组成的平面融合起来,这是一种极具创造性的想法,它对于将来的发展至关重要。事实上,在罗马,我们发现两个重要教堂都有穹顶覆盖在中心化中厅之上:卡洛·拉伊纳尔迪设计的位于坎皮泰利的圣玛丽亚教堂(1656—1665 年)和圣玛丽亚·马达莱娜教堂,它是在乔万尼·安东尼奥·德罗西去世的那一年(1695 年)设计的。两个教堂都是罗马巴洛克建筑的杰作。

卡洛·拉伊纳尔迪在坎皮泰利的圣玛丽亚教堂中采用了纵向椭圆,在椭圆上加入了一个圆形司祭席,司祭席上面覆盖穹顶,并且带有采光塔。平面相当普通,但是连接确实十分有趣,它代表了他父亲的圣特雷莎教堂和科尔托纳的圣卢卡教堂中一些想法的进一步发展。所有的空间元素由柱廊支撑的(椭圆或者圆形的)檐部定义。同时,柱廊位于主轴线两侧,空间元素沿着主轴线组织。元素之间互相接触,形成一个"开放的"系统,用来对纵向轴线进行强调,纵向轴线上添加了一个完整的圆形。类似的圆形也在横轴线上表现出来,但是在这里,他们被减弱成透镜形的礼拜堂。仅仅在主要空间的对角线上引入了实墙墩,它包含次要开口和祭台旁有窗的小室。这种解决方式与基利安·伊格纳茨·丁岑霍费尔(Kilian Ignaz Dientzenhofer)空间系统有相同的基本特征,并且能够视为罗马巴洛克最先进的概念之一。[47]立面也很有意思,在墙的前面是两层柱廊形成的屏风,用于表明这种设计一般的空间透明度,这种设计与 18 世纪中欧教堂建筑的双壳式样有惊人的相似之处。然而,在实施中,拉伊纳尔迪改变了这种设计。第一个设计的所有重要部分都出现了,但是椭圆中厅变成了双轴线大厅。因此,在纵深方向上的纵向运动得到了相当程度的加强,事实上,室内看上去是纪念性壁龛的延续,同时壁龛的主题也使极其华丽的立面颇具特征。方法上的变化可能取决于正在谈论的特殊建筑任务。坎皮泰利的圣玛丽亚教堂是在瘟疫之后作为一个供奉教堂而建造起来的,特别用于供奉神奇的圣母玛丽亚(miraculous Madonna)。因此,建筑空间指向半圆形壁龛上的神像,同时柱廊用来作为信仰的象征,而不是作为一个结构构件。"因此,人们不应该谈论视觉幻像,或者论一个想像空间的代表……而对于可见的内容,或者与实际和建筑供奉需求密切联系的意识形态的意义。艺术作为说服力的巴洛克概念首次应用在建筑上……由于它的建筑形式,它在产生集体情感方面取

图 106 雅克·勒梅西埃,巴黎,索邦
教堂,平面(佩夫斯内提供)
图 107 巴黎,索邦教堂,立面

图 108 巴黎,索邦教堂,内景

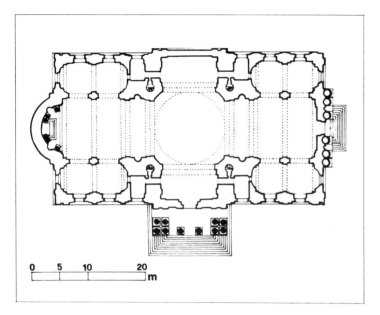

得了成功。如果从"情感运动"的观点审视,我们发现这是坎皮泰利的教堂唤醒的同情怜悯。"[48]因此,拉伊纳尔迪的教堂并不代表理论上的思想,而是把一种特殊的状况具体化。

德罗西的圣玛丽亚·马达莱娜教堂[49]代表了对罗马 17 世纪教会建筑有价值的结论[50],在这个平面中,所有传统类型的平面都被集到一起。我们发现拉丁十字被诠释成两个连续的中心化有机体,其中第一个可以理解为双轴线中厅和一个放射形椭圆。最本质的贡献在于中厅在空间上的统一形式,这是以窄开间与宽开间连续不断的交替为基础的。第一个与最后一个都与纵向轴线平行,而中间三个定义了一个横向扩大的空间。然而,横向轴线只有次级重要性,因为它结束于一个狭窄的包含忏悔室的开间。"对角线"方向用高拱来加以强调,这些拱突破檐部。借助这种墙面连接方式,德罗西设法让中厅空间具有独立性,同时它又与后面的穹顶单体有机地结合起来。建筑兼有双重任务,一方面是一座公理教会教堂,另一方面是崇敬的圣母玛丽亚的圣堂。

在以上讨论的作品中,我们已经看到,传统的纵向与中心化平面如何在 17 世纪转变成中心与伸展的合成形式,以便符合巴洛克的要求,因而将建筑在一种一般的、意识形态建立的文脉中综合起来。然而,迄今为止,真正的系统化很少能由我们谈到的建筑师来完成。对于"系统化",我们主要指空间组织的方法,这种组织方法能够允许在形式综合与具有说服力的着重强调这个一般的目标之内,解决个别任务。以上讨论的作品代表了传统类型与元素的修正或者组合。然而,一些这样的组合在 18 世纪的宗教建筑中特别重要,例如,在纵向有机体的中心引入一个"圆形大厅"(圣卡洛·阿伊卡蒂纳里教堂等),带穹顶的十字对角轴的空间活力(瓦尔-德-格拉斯教堂),两个中心化单体的连续(圣朱塞佩教堂,米兰),以及借助双轴线使纵向空间中心化(卡普拉罗拉的圣特雷莎教堂)等等。我们也发现了这样一些尝试,试图发展一种更普遍的空间组织方法,主要出现在弗朗索瓦·芒萨尔的相互渗透,以及拉伊纳尔迪设计的坎皮泰利的圣玛丽亚教堂第一个设计方案所建议的"开放"群组中,伯尼尼的巴洛克古典主义更具普遍重要性,其目的旨在定义一个主导特征,以及定义彼得罗·达·科尔托纳室内与室外之间有机的动态与补充关系。

二、走向合成与系统化

在弗朗切斯科·波罗米尼的作品中,我们看到一种本质上全新的

图 109　彼得罗·达·科尔托纳,罗马,
　　　　圣卢卡和马丁娜教堂,平面
　　　　(德洛古提供)
图 110　罗马,圣卢卡和马丁娜教堂,
　　　　示意图

图 111　罗马,圣卢卡和马丁娜教堂
图 112　罗马,圣卢卡和马丁娜教堂,
　　　　穹顶

图 113　罗马,圣卢卡和马丁娜教堂,
　　　　室内,穹顶和拱顶

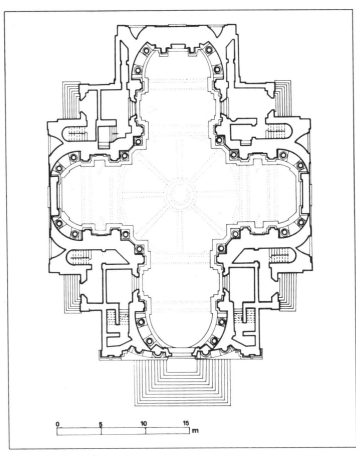

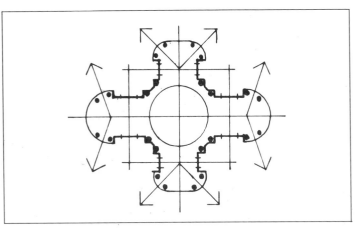

图 114　吉罗拉莫·拉伊纳尔迪,卡普拉罗拉,圣特雷莎教堂,平面

图 115　卡洛·拉伊纳尔迪,罗马,坎皮泰利的圣玛丽亚教堂,第一个椭圆形方案的平面

图 116　罗马,坎皮泰利的圣玛丽亚教堂,椭圆形方案示意图

图 117　罗马,坎皮泰利的圣玛丽亚教堂,平面(费拉伊罗尼提供)

图 118　罗马,坎皮泰利的圣玛丽亚教堂,外观

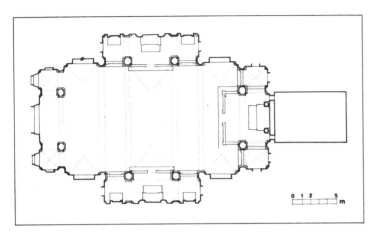

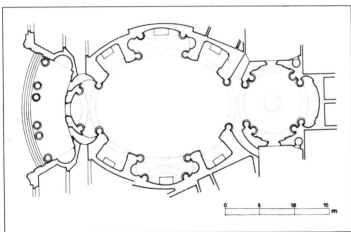

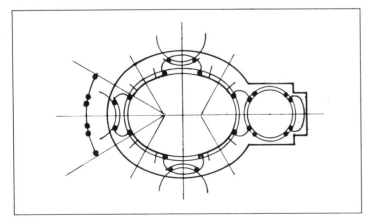

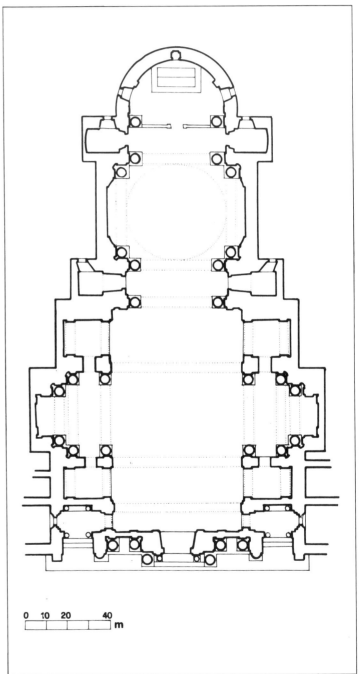

图119　罗马,坎皮泰利的圣玛丽亚
　　　　教堂,朝向神坛的内景

解决建筑空间问题的方法。直到那时,空间才被理解为造型成分之间的一种抽象关系,这些造型成分是建筑形式的真正组成元素,虽然他们的位置取决于有意义的空间分布类型。因此,在早期巴洛克时代,对新的表达强度的要求主要由一种更丰富的编排来满足,这些编排元素包括双排柱廊、壁柱与柱子结合、巨大的柱式、强烈而重复的断裂檐部和山墙等等,或者通过一种富有表现力的视觉装饰来满足。波罗米尼打破了这个传统,并且引入空间作为建筑的组成元素。因为波罗米尼的空间是一些有形的事物,能够被造型和引导,而不是造型的拟人化形式之间的一种抽象关系。进而,他把哲学概念的外延(res exten-sa)具体化。"他不是满足于距离、接近或者组成元素干涉的心理价值的经验性检验;他宣称需要有一种方法,这种方法能够让建筑师在空间上工作,而且在空间上花费的精力,与文艺复兴建筑师应用古典比例规则来处理体量和线性结构花费的精力一样多。"[51]波罗米尼的空间是复杂的整体,被赋予了与不可分割的外形同样的演绎。运用所有他可以支配的手段,他试图强调这种特点,最重要的是采用连续的围墙。波罗米尼的方法的新奇之处肯定被那个时代感受到了,胡安·德·圣博纳文图拉(Juan de S. Bonaventura)对他的四喷泉洛教堂的长篇描述可以作证。在谈到每天来参观教堂的访问者时,他说:"……当他们在教堂时,他们除了向上看和向周围看之外,什么也不做,因为那里的每件事都安排得如此妥当,不断地从一个地方引导到另一个地方……"[52]然而,对于同时代的建筑师来说,波罗米尼被视为一个怪人,他建造古怪和荒诞的形式。今天,要理解这种否定评价是不容易的。在许多方面,波罗米尼的建筑作品与同时代的那些常常修饰华丽的建筑作品相比,更为简洁和富有逻辑,同时,我们也对他的建造技术和对材料纯正的利用作出正面反应。然而,如果考虑古典传统,那么,波罗米尼的建筑的确是革命性的,并且为未来开创了全新的富有创造力的可能性。

　　第一个表现波罗米尼基本意图的作品是位于城墙外的圣保罗教堂内的圣体小教堂。小教堂在1629年他去世前不久由马代尔诺建成。他的亲戚波罗米尼提供了帮助,我们有理由相信,波罗米尼对于这种解决方式有决定性的影响。[53]简单的长方形空间有圆角和规则布置的壁柱系统,壁柱一直通过檐部,通过稍加打断形成平肋骨,把拱顶变成一个骨架"网"。角部没有任何壁柱,它的凹面形状在拱顶继续,创造一种强烈的垂直连续性,同时给空间提供某种对角的方向感,这种方向感是通过对角的拱顶肋来具体化。这种解决方式与波罗米尼的位于普罗帕冈达·菲德宫马吉王教堂的系统有令人惊讶的相似之处。马吉王小教堂位于，建于1660年之后，一般被认为是他的建筑遗作。圣体小教堂的本质革新是统一完美的连续墙连接和竖向综合。因此，空间被定义为一个不可分割的整体，它的特点通过"中心化"得到了进一步强调，这种"中心化"由上面提到的对角方向感来创造。

在波罗米尼接受的第一个独立委托，即四喷泉圣卡洛教堂或圣卡利诺教堂（1634年的项目）和修道院中，我们发现，相同的意图通过若干变体得到实施。修道院的回廊（1635—1636年）被有节奏地布置的连续柱廊系统界定。在通常的意义中它没有角部，因为墙面系统的窄开间在凸曲线中延续，而本来应该是角部这样做。因此，用最简单的可能的手段，波罗米尼已经成功地建立了一个统一的空间"元素"。在修道院中，我们发现了一些房间，它们说明了相同的意图，例如在食堂（今天的圣器收藏室），檐口在正常的角部上面是一个凹面弯曲。在两个元素之间的过渡用伸出翅膀的小天使精心处理，这种母题被波罗米尼一次又一次地用来解决这种问题。在这个教堂（1638年）中，基本主题重复出现，目的是形成一种更丰富的变化，说明波罗米尼的兴趣是赋予每个单独空间一个适当的心理特点。实质上，没有什么平面像圣卡利诺教堂的平面一样经常用于分析，它的空间非常小，常常被说成可以放入圣彼得教堂的一个墙墩中。在描述圣卡利诺教堂时，通常指出其平面的几何复杂性。我们没有必要在这里重复波尔托盖西（Portoghesi）的权威分析[54]，但是我们想通过引证威特科尔来指出这个设计的基本的新奇特征："有一点是重要的，就是认为在圣卡洛教堂和以后的建筑中，波罗米尼把他的设计建立在几何单体基础上。通过放弃古典的根据模数规划的原则，即根据基本的算术单位的乘与除（通常是柱子的直径），波罗米尼在拟人化建筑中正式放弃了中心位置。为了使过程的区别变得明显，一个人可能会声称，或许分尖锐，在一种情况之下，整个平面和它的局部通过模数加模数进化，同时在另一种情况下，通过划分一种协调的几何配置，变成几何的子单元。"[55]换句话说，空间被作为一个单元，它可以连接，但是不能被分解成独立的元素。然而，圣卡利诺教堂的空间单元相当复杂，起点是传统的纵向椭圆和一个拉长的希腊十字方案。它们熔化在一起，而不是结合在一起，结果创造出一个双轴线有机体。所有这些方案被"掩藏"在一个连续的、起伏的边界之内，这个边界由一个有节奏地安排的"柱廊"和不间断的檐部来定义，柱廊在整个空间都是连续的（在修道院回廊主题上的变奏）。然而，檐部运动是传统方案的表现，这个传统方案包含在

这种解决方式之中。因此，对角线轴上的开间被定义为墙墩，用于支撑穹顶的拱。它们被通向次要空间的门划分，例如在圣母玛丽亚小教堂中，它被描绘成一个六角形单元，这个单元限制在连续的边界之中。对角线上的墙墩是整体的结构元素，有直的檐部和柱廊，柱廊的柱头与众不同。事实上，它们采用流行的标准卷涡，而其他"次要的"柱子有普通的混合柱头。因此，我们看到波罗米尼如何在统一的整体之内区分单个元素的功能。我们也能进一步看到，通过主轴线的门上和拱下的连续线脚，墙墩被加入到侧面开间上。而这些开间与教堂半圆形壁龛相互关联，获得对墙面单元的模糊渗透，它对一般空间的进一步综合作出了贡献。

在垂直方向上，圣卡利诺教堂表现出一种更传统的组织方式，这种组织方式以一个支撑椭圆穹顶的拱和圆环为基础。垂直连续性比水平运动获得的协调性更弱，然而，我们可以指出这种有意义的转换，它发生在我们从主要空间复杂的圆周进入椭圆形穹顶的行进当中。天窗部分发生了一种新的转换，把八个侧面变成凸面，似乎被外面的空间推压进来。由此，波罗米尼的空间不是静态单元，但是，灵活的实体可以参与到一种更全面的空间相互作用中。这种灵活性通过围合面的运动来表现。波罗米尼的起伏墙面不是依据"前－后"等关系来划分空间，而是让空间膨胀和收缩，创造一种变化中的"外部－内部"关系。因此，巴洛克所要求的空间相互作用，被一种新的一般方法实现了，结果，波罗米尼能够排除相互作用的特别事件，这种相互作用的事件是由他同时代的人所培养出来的。如果我们考虑圣卡利诺教堂在1665—1667年加建的立面，这种在波罗米尼形式中的可变性同样非常明显。它的起伏运动也许可以理解为一种内部与外部"力量"交会的结果：内部的扩展空间和前面街道上有方向性的运动。同时，立面改变了室内墙面部分的运动。因此，整个构成可以被理解在"墙面主题"上的变异，这是波罗米尼引入的基本空间－活力的功能[56]，而且，立面为内部的基本特征作了准备。

波罗米尼接下来的一个主要作品是菲利皮尼教堂和小礼拜堂（1637年），这是一个大委托项目，它给波罗米尼提供了规划设计大量群组空间的机会。这里，我们没有必要描述这个教堂复杂的历史[57]，但是应该试图去把握其基本意图。它的平面有一个极好的清晰的思路，尽管存在适应现有新教派（Chiesa Nuova）和它的大圣器收藏室的问题。波罗米尼把功能要求作为他的设计大纲，结合一个内院和庭院之间的圣器收藏室，创造了一个连续的主空间，主空间侧面是两条长

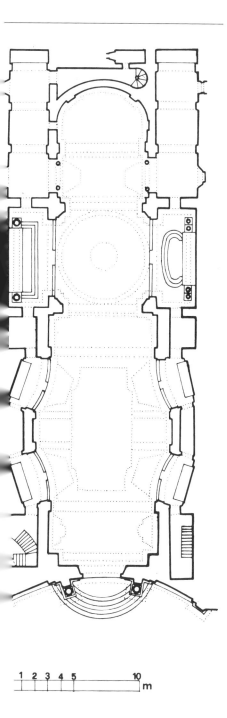

图 120　乔万尼·安东尼奥·德罗西，
　　　　罗马，圣玛丽亚·马达莱娜教
　　　　堂，平面
图 121　罗马，圣玛丽亚·马达莱娜教
　　　　堂，室内

1 2 3 4 5　　　　　10
　　　　　　　　　　　　m

图 122 弗朗切斯科·波罗米尼,罗马,四喷泉圣卡洛教堂,平面(波尔托盖西提供,1967 年)

图 123 罗马,四喷泉圣卡洛教堂,波罗米尼设计之前的女修道院重建外观(波尔托盖西提供,1967 年)

图 124 罗马,四喷泉圣卡洛教堂,轴测图(波尔托盖西提供,1967 年)

图 125 罗马,四喷泉圣卡洛教堂,女修道院和教堂平面(维也纳,阿尔伯蒂纳图纸收藏)

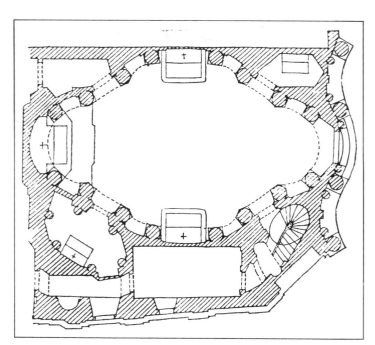

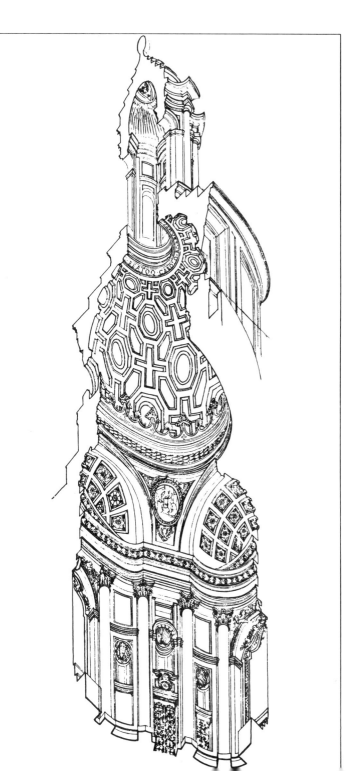

图 132 罗马,菲利皮尼小礼拜堂,立
面

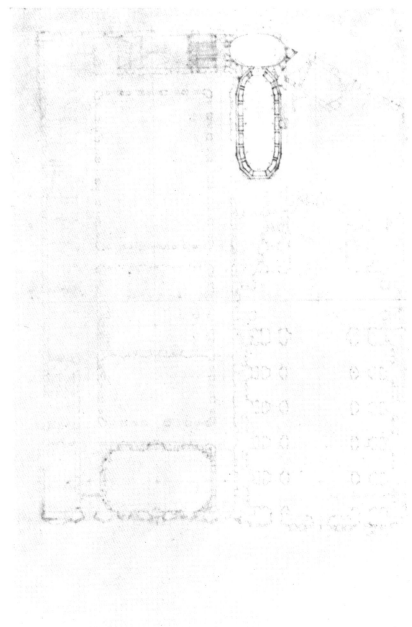

图 133 弗朗切斯科·波罗米尼,罗
马,菲利皮尼小礼拜堂,平面
(维也纳,阿尔伯蒂纳图纸收
藏)

图 134 弗朗切斯科·波罗米尼,罗
马,菲利皮尼小礼拜堂,立面
图(维也纳,阿尔伯蒂纳图纸
收藏)

图 135　罗马,菲利皮尼小礼拜堂,庭
　　　院

图 136　罗马,菲利皮尼小礼拜堂,室
　　　内

图 137　罗马，菲利皮尼小礼拜堂，
　　　　轴测图（波尔托盖西提供，
　　　　1967 年）

图 138　罗马，菲利皮尼小礼拜堂，平
　　　　面（波尔托盖西提供，1967
　　　　年）

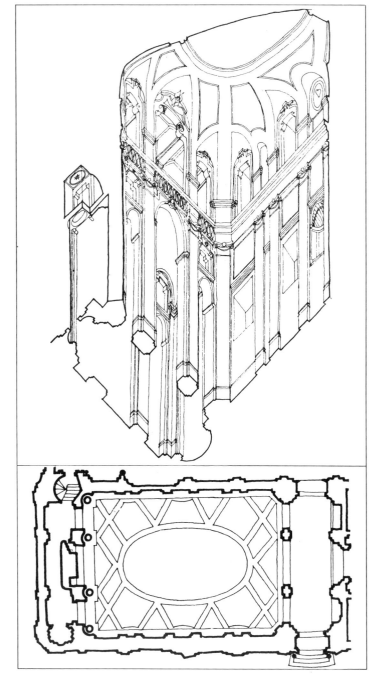

走廊。小礼拜堂严格意义上应该已经终止了朝向教堂前面的广场的连续性，就像在波罗米尼的一张草图中表现的那样。[58]由于比较次要的实际困难，小礼拜堂不得不从轴线上移走了，而在平面上引入了不规则。所有主要空间被处理成一个综合的空间单元，这个单元用连续的连接和圆角来定义。小礼拜堂代表这一想法的进一步发展，这种想法来自卡佩拉圣体小教堂，小礼拜堂有双轴线布局，由一个纵向轴线上的神坛和横轴线上规划中的从室外进入的入口来决定。然而，空间通过一系列连续的壁柱和一个切口的角部来统一，在切口的角部，壁柱按对角线方向布置。[59]拱表现为相互交织的肋骨形成的一张完整的网，作为一个整体系统，它有明显的骨架特征。立面中央部分应该与小礼拜堂相符合，有一个凹面弯曲。波罗米尼自己给了我们作了解释："……在设计这个立面的时候，我的头脑中有一个伸展双臂的人体，仿佛在拥抱进入那里的一切，伸展双臂的人体分成五个部分，即，中间的胸部，两个部分各有双臂……"[60]所以，建筑应该接纳访问者，换句话说，应当与前面的城市空间相互作用。除了这种一般特征之外，室外表现出大量新奇的特性。窗户与门的山花上引入了大量合成形式，它们被认为是 18 世纪晚期巴洛克建筑的特征，立面上主山墙由三角形与弧形合成，而且，最重要的是，主檐部连续地变成传统的卷涡，卷涡用来连接侧翼和立面的主体部分。进而，灵活性和变形的原则用在单纯的形式上，让他们根据自己的位置在整体中服从变化。建筑也通过连接和结构变化适应周围的城市空间，虽然抹角或者圆角表明建筑是一个整体，置于一个连续的外部空间当中。

1642 年，波罗米尼受委托建造一个更小的、在某种程度上类似的建筑——带有圣玛丽亚·代塞特·多洛里教堂的神圣阿戈斯蒂尼安内修道院。由于工作一直未能完成，我们只能指出一些本质特性。在空间上，圣玛丽亚·代塞特·多洛里教堂是第一个让若干空间彼此相互依赖的尝试。到此为止，波罗米尼在组织空间时曾经使用了非常传统的加法过程。在圣玛丽亚·代塞特·多洛里教堂，教堂、门廊和凹立面前的空间交互地互相决定。在其中一个收缩的地方，另一个膨胀，形成了有节奏的脉动效果，把空间从仅仅是扩展变成一种积极的力"域"。[61]脉动的并列原则对于巴洛克建筑的进一步发展具有本质的重要性。它必须从空间相互渗透的原则中区分出来。为了替代相互之间的渗透，空间元素膨胀和紧缩，仿佛是由弹性材料制成的。脉动的并列原则同样导致了室内与室外之间的一种互补关系。教堂内部是双轴线组织。尽管有拉长的形状，它还是有一个完全统一的特征，因

图 139　弗朗切斯科·波罗米尼,罗
　　　　马,圣玛丽亚·代塞特·多洛
　　　　里教堂,平面

为连续的柱廊与环绕的檐部和圆角一样,定义了空间。变形的原则尤为明显,根据当时的状况,没有任何一个中断的檐部变成了拱或者卷涡。遗憾的是,拱顶是后来才建成的,它低劣的室内设计几乎不能与下面宏伟的空间取得平衡。

1642 年,波罗米尼介绍了什么才是他的主要作品,那就是罗马古代大学萨皮恩扎中的圣伊沃教堂。这里的状况要求一个中心化建筑插入到现有的庭院尽端。[62]然而,波罗米尼对采用一个八角形或希腊十字的传统方案并不满意,取而代之的是创造了整个建筑史上最具创造性的有机体。圣伊沃教堂确实让我们记住了他骄傲的话语:"如果我仅仅想成为一个模仿者,我就不会加入这个职业。"[63]圣伊沃教堂的平面围绕一个六角形发展,并表现出一种交替的半圆形壁龛和带有凸面顶点的浅壁凹室。[64]结果形成的复杂形状被连续的墙面连接和带形围绕的檐部统一起来。六角形的六个角具有作为基本结构的重要特征,它有双壁柱,而半圆形壁龛和浅壁凹室只有一个壁柱。事实上,在这些角上,肋垂直升起以"支撑"采光塔的圆环,而其他的肋仅仅在穹顶的窗户周围形成一个大框,这样,我们再次遇到一个综合整体之内的区别与转换的原则。而圣伊沃教堂的基本创造是获得垂直连续性的想法,这种垂直连续性把首层平面的复杂形状延续到穹顶,中间没有任何间断。因此,穹顶已经失去了静态围合的传统特征。它似乎在经历着持续的扩展与收缩过程,一种朝着天窗下圆环移动的渐进过程。而天窗内部有凸侧面,同时,在圣卡利诺教堂引入的垂直性已经转换成连续形式的一部分。确实,圣伊沃教堂在建筑史上是最统一最整体的空间,尽管它的形状非常多样而新奇。室外是室内空间的一个一般性补充。六个"结构"角看上去是鼓座中的一捆壁柱,他们之间的墙面有扩展膜特征,与下面的半圆形凹空间形成对比。天窗的凹侧面与下面的穹顶和螺旋形成另一种对比,这种螺旋结束了难以置信的动态垂直构成成分。圣伊沃教堂比任何其他作品更能促使同时代的人将波罗米尼视为一个"哥特式"建筑师。它主要是一个中心化有机体,且它是以三角形和六角形为基础,而不是以方形或者圆形为基础。它乃然具有动态的特征,这种特征在传统的中心化结构中从未被发现过,在传统的中心化结构中,"侧面"与它的对面相似和一致。圣伊沃教堂同样也包括微弱的纵向方向感,从入口前面的半圆形空间到神云,波罗米尼原来试图通过神坛后面开放的柱廊屏风来重点强调这种方向感,形成与主要半圆形壁龛相互渗透的环形空间的一部分。由于其极其独特的解决方式,圣伊沃教堂没有任何直接的跟随者。[65]而且,

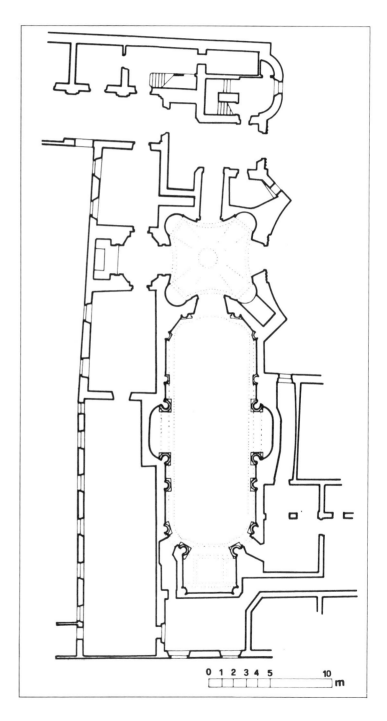

图140 罗马,圣玛丽亚·代塞特·多
　　　洛里教堂,示意图
图141—142 罗马,圣玛丽亚·代塞
　　　　　特·多洛里教堂,室外
　　　　　和室内

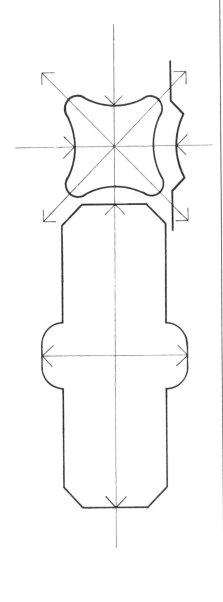

图 143　弗朗切斯科·波罗米尼,罗马,萨皮恩扎的圣伊沃教堂,轴测图(波尔托盖西提供,1967 年)　　　　图 144　萨皮恩扎的圣伊沃教堂,穹顶和采光塔的立面和剖面(维也纳,阿尔伯蒂纳图纸收藏)　　　　图 145　弗朗切斯科·波罗米尼,罗马,萨皮恩扎宫,萨皮恩扎的圣伊沃教堂和亚历山大图书馆的平面(维也纳,阿尔伯蒂纳图纸收藏)　▷

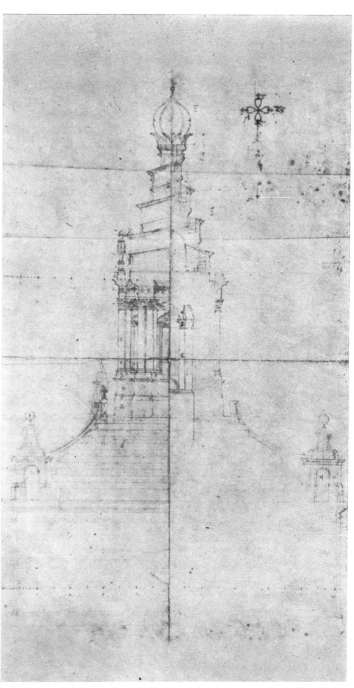

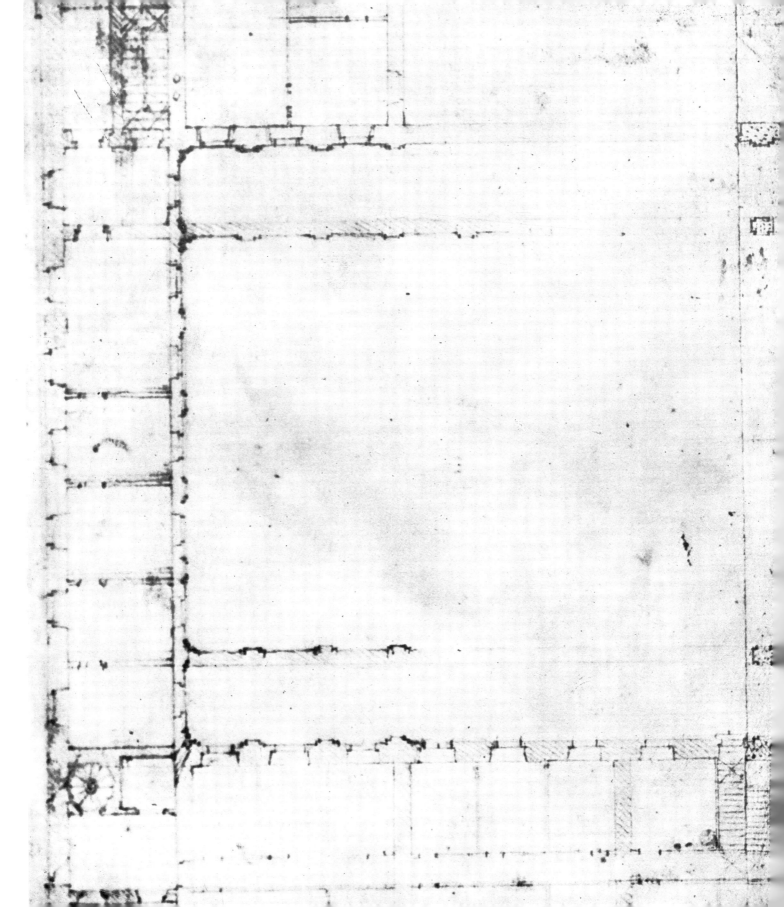

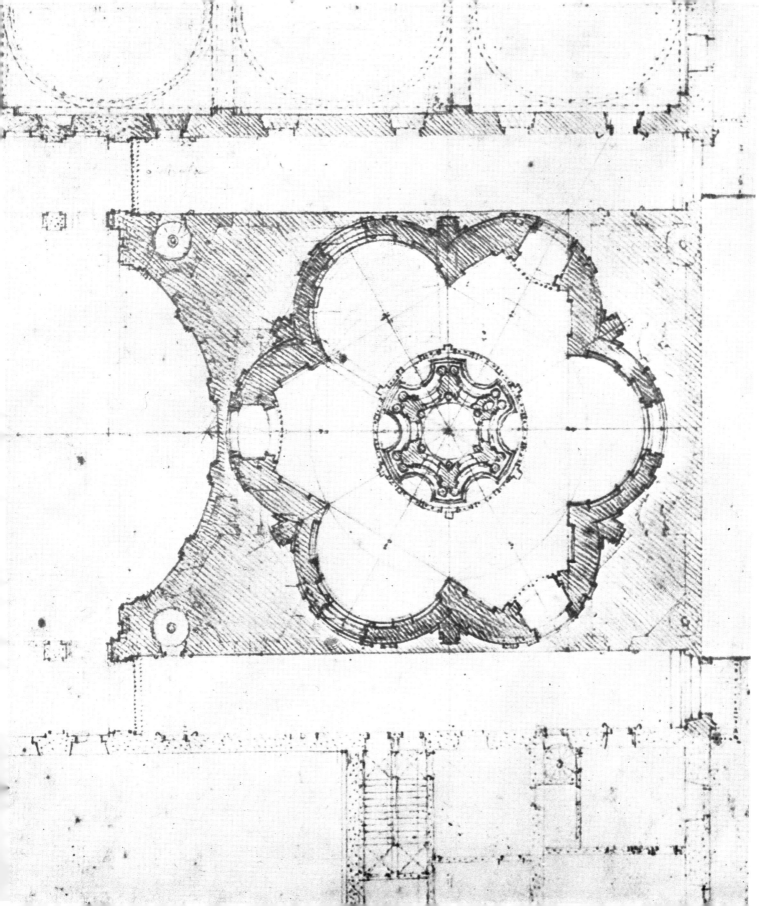

图 146　罗马,萨皮恩扎的圣伊沃教
堂,从萨皮恩扎宫看教堂

图147 罗马,萨皮恩扎的圣伊沃教堂,穹顶细部

几乎没有任何建筑能如此令人信服地表达巴洛克建筑的基本意图。

在其他一些建筑项目中,波罗米尼有机会进一步展示他的基本意图。其中最重要的是他对空间的最新研究,体现在普罗帕冈达·菲德宫的马吉王小教堂当中。[66]我们再次发现双轴线组织的大厅,由圆角和壁柱与拱肋组成骨架系统。墙壁几乎已经消失了,同时,小教堂较低的部分实际上对着浅壁凹室开口,这样,整个透明结构似乎陷入到空间中。巨大的壁柱柱式与一个对角线布置的拱肋网连接起来,形成了一个完整的"哥特式"系统。它的动态特征表现在壁柱放大的基础和强烈的垂直连续性上。因此,主要额枋与檐壁退化成壁柱上的小片段,被大窗户分割。同时,水平协调性仍然得到檐口和开口上面次要额枋的保护,这个开口朝向一个横向浅壁凹室和一个小司祭席。普罗帕冈达·菲德礼拜堂代表波罗米尼基本意图的一个宏伟而清晰的合成:纵向与中心化、水平与垂直连续性、结构与空间"开放性"的统一。

上面讨论的所有教堂和小教堂都集中在一个比较适度的规模上。1646年,波罗米尼唯一的一次设计大教堂的机会来了,教皇因诺琴特十世委托他重建位于拉泰拉诺宏伟的早期基督教长方形教堂的圣乔万尼(巴西利卡)。然而,这项任务并没有给波罗米尼很大的自由度。旧的长方形教堂(巴西利卡)结构需要保存,同时工程需要在1650年这一神圣之年完成。波罗米尼试图用宽柱子包裹已有的双柱,来保护面临危险的结构。他用巨大柱式的壁柱来包裹柱子,并且有节奏地布局安排,让拱能够朝走廊开口。波罗米尼试图给中厅加上一个拱顶,并且用对角方向的拱肋把墙结合起来,与几年之后他在普罗帕冈达·菲德礼拜堂中引入的处理方式类似。这个昂贵的计划最终还是被放弃了,1564年以来,教堂还是保持它的藻井顶棚。[67]虽然现有的系统只是片段,但拉泰拉诺的圣乔万尼教堂拥有现存的最宏伟的中厅。入口墙面的解决方式向我们展示了它被当作一个统一空间,有切口角和明显的水平和垂直连续性。在主要柱子之间,系统具有"开放"的特征:檐部被打断,并且大开口与外面的空间融为一体。走廊被当作华盖的连续,也就是小的中心化单元,有继续上升到拱顶的凹面角。更大的拱顶是圣乔万尼给我们的"波希米亚帽"。它向我们展示了波罗米尼如何解决大教堂中的问题。记住他在圣玛丽亚·代塞特·多洛里教堂的想法,很明显,采用脉动并列的原则,他可能会创造一组相互依赖的空间。事实上,瓜里尼使这种想法变成了现实。

波罗米尼的贡献并不在于发展出新的类型。固定类型的概念并不能真正满足巴洛克直接参与到特殊文脉中的要求,也就是创造一种

图 148—149　罗马,萨皮恩扎的圣伊
　　　　　沃教堂,室内细部

图 150—151　罗马,萨皮恩扎的圣伊
　　　　　沃教堂,穹顶内景

图 152 罗马,萨皮恩扎的圣伊沃教
堂,从采光塔俯视

图 153　罗马,普罗帕冈达·菲德宫,
　　　　马吉王,剖面(维也纳,阿尔
　　　　伯蒂纳图纸收藏)

图 154　弗朗切斯科·波罗米尼,罗
　　　　马,普罗帕冈达·菲德宫,马
　　　　吉王小教堂,纵剖面(波尔托
　　　　盖西提供,1967 年)　　　▷

图 155　罗马,普罗帕冈达·菲德宫,
　　　　马吉王小教堂,平面(波尔托
　　　　盖西提供,1967 年)　　　▷

图 156　罗马,普罗帕冈达·菲德宫,
　　　　马吉王小教堂,轴测图(波尔
　　　　托盖西提供,1967 年)
图 157　罗马,普罗帕冈达·菲德宫,
　　　　马吉王小教堂,拱顶
图 158　罗马,普罗帕冈达·菲德宫,
　　　　马吉王小教堂,室内　　▷

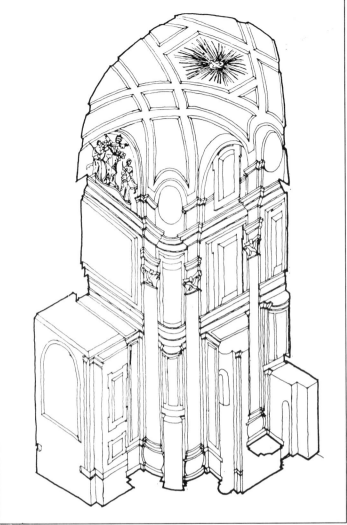

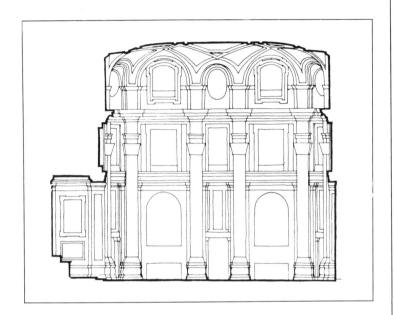

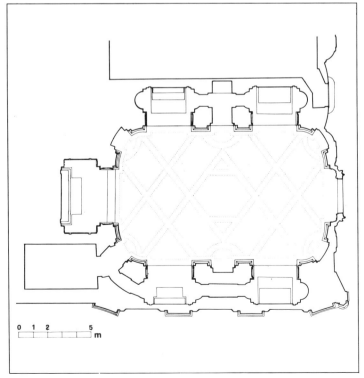

扩展的、有生命力的有机体的要求。他发明的不仅仅是一种处理空间的方法。用这种方式，他能够解决最富于变化的任务，同时，建造特殊和一般建筑。从根本上，他的方法是以连续性、独立性以及变化的原则为基础。因此，他的空间具有动态的"域"特征，这种"域"由室外"力"和室内"力"的相互作用来决定，而墙是这些力交会的关键区域。[68]重要的是强调这些力具有心理上的含义。事实上，波罗米尼内部－外部关系的改变代表一种精神过程，[69]正如它融合与改变了传统的拟人化形式（诸如古典柱式），从而导致了过去静态的心理范畴崩溃一样。伯尼尼在称波罗米尼的作品"荒诞"的时候，他已经感受到了这一点。因此，波罗米尼同样也想要一种新类型的历史合成。他希望的统一并不仅仅是关注空间，而且也是世间万物的尺度。最首要的是波罗米尼使空间成为建筑设计有形的组成元素。用威特科尔的话来说，伯尼尼的空间是"一个通过雕塑表现出来的戏剧性事件的舞台"，波罗米尼让空间本身成为一个活着的事件，表现了人在世界中的状况。

在瓜里尼的作品中，波罗米尼提出的一般方法得到系统的运用。瓜里尼的活动很好地表现了17世纪的开放世界。他为他的秩序，德亚底安（Theatines）而旅行，他在墨西拿、巴黎、都灵、尼斯、维琴察、布拉格和里斯本规划或建造教堂，同时也在意大利的一些小城镇规划和建造教堂。1639年至1647年他到了罗马，可能深深地被波罗米尼建造的第一座建筑所打动，铭记不忘。同时，他可能在后来的几次旅行中还到过罗马。遗憾的是，瓜里尼的教堂大多已经不复存在。但是，我们有幸得到了他的论文《民用建筑》（Architettura Civile），这本论文能给我们提供有关他的意图和解决方式的信息[70]，同时还有其他的文学和哲学作品，展示了瓜里尼的建筑创作中深刻的象征主义和复杂的合成。[71]在我们自己的文脉中，我们可以将瓜里尼的重要性归结为词汇的系统化。波罗米尼将空间变成建筑组成元素的想法被瓜里尼接受，它系统地由单元（cells）组成，而且是按照脉动并列的原则组成的。[72]事实上，瓜里尼把脉动并列、起伏的运动视为自然界的基本属性，他说："膨胀与收缩的自发行动不受任何原则控制，但是表现在整个生命存在中。"[73]巴洛克思想的扩展与运动因此被赋予了一种新的动态和活力论的解释。瓜里尼的第一个主要作品是里斯本的圣玛丽亚神意教堂（1656—1659年？）[74]，通过起伏运动达到相互渗透，甚至让中厅的壁柱也摆动起来。在它的一般布局中，平面仍然是传统的布局方式，表现为带有教堂袖廊和半圆形壁龛的长方形基督教堂（巴西利卡）。纵向轴线用一系列连续的穹顶来定义，但表现出空间融合的愿

望，这在建筑史上没有先例。组成中厅和袖廊的单元共同成长，形成连续的运动，同时不可能说出一个单元在什么地方结束，另一个单元在什么地方开始。融合是通过让墙和拱顶起伏波动而得到的，同时也是通过省略所有划分线而得到的。因此，不是在文脉中谈论空间的"相互渗透"，而是它预示了参与单元的一种清楚的定义。[75]教堂特殊的解决方式符合它的供奉功能，正如圭多尼（Guidoni）所解释的："神的旨意是一种力量，它从内部来组成和告知世界的片断。"[76]里斯本的这座教堂代表了早期解决问题的一般方式。在后来的项目中，瓜里尼找到了更精确的方法论工具。

这在"无名"教堂的两种解决方式中表现得特别明显，它的构思是从圣玛丽亚神意教堂发展而来。这个项目是对空间相互渗透和脉动并列问题让人着魔的研究。侧廊是根据后一个原则组成的，而中厅、十字、袖廊（右半侧）以及半圆形壁龛都相互渗透。右侧的侧廊与中厅的单位相互渗透，它的单元是完整而有规则的元素。右半侧同样表现了一种室内成分与室外成分的补充关系。事实上，它比左半侧有更高层次的有机连贯性。它远远超过17世纪的任何其他项目，瓜里尼的"无名"教堂表明一个大教堂如何能根据波罗米尼暗示的原则建造起来。[77]

在建筑内部，瓜里尼不是通过运用互相渗透和脉动并列来解决某种"关键"的过渡，而是在这些原则基础上，发展整个有机体。因此，他是第一个真正的群组空间单元的创造者。两个原则都表达空间连续性和"开放性"的愿望，因此，在两种情况下，造型的形式被降为骨架，这个骨架由次级的膜覆盖或者填充，在室内和室外之间创造出一种补充关系。瓜里尼接下来的作品证实了他的方法如何能在各种变化的状况和任务中加以运用，形成一些解决方法，这些方法看上去似乎代表了一种开放的可能系统中的特殊状况。

在瓜里尼位于梅西纳的帕德里·索马斯基教堂（1660—1662年）中，我们看到了他的建筑创造性的另一个重要方面：垂直发展的中心化有机体。六角形平面表现了一个有趣的相互渗透的单元群组，注意角部带有凸侧面的三角形空间。明显的柱列和拱形成的骨架效果，把墙减弱为仅仅从基本结构上分离出来的皮，使整个系统看上去是一个一般扩展的一部分，因此给中心化平面创造了一种本质上全新的解释。[78]对于这个水平扩展，一种重点强调的垂直轴线形成富有表现力的对比。它由叠合的穹顶结构组成。首先是以一个相互交织的肋系统为基础，允许有大窗户和一个中央开口，在开口上有一个更小更传

图 159　弗朗切斯科·波罗米尼,拉泰
　　　拉诺的圣乔万尼教堂,剖面,
　　　Cod. Vat. Lat. 11257(罗马,
　　　梵蒂冈罗马教皇图书馆)

图 160　拉泰拉诺的圣乔万尼教堂,
　　　中厅墙面投影图,Cod. Vat.
　　　Lat. 11258(罗马,梵蒂冈罗
　　　马教皇图书馆)

图161 罗马,拉泰拉诺的圣乔万尼
教堂,室内

统的穹顶。相互交织的肋明显与哥特式建筑有关,同时也与某种西班
牙摩尔式建筑的穹顶有关。[79]事实上,穹顶是他最显著的创造。"他们
似乎是这样一种根深蒂固的强烈欲望的结果,这种欲望就是用一个透
明的带有神秘的无限暗示的穹顶,来代替古代用来象征有限的天国穹
顶而采用的始终如一的半球。"[80]瓜里尼的穹顶并没有采用我们在波
罗米尼穹顶中发现的造型连续性;他们更愿意代表垂直转换原则的进
一步发展。在里斯本的第一次尝试之后,瓜里尼事实上抑制了造型的
连续性,让他的结构变成骨架和透明。

巴黎的圣安妮-拉-罗亚尔教堂(1662—1665年)表现了空间垂
直连续性的进一步发展。一个鼓座被插入进去,它包括用双柱列和拱
组成的轻室内屏风和一道被窗户打破的外墙,也就是具有哥特式 起
源的"双"墙壁。这个平面以一个拉长的希腊十字为基础。八角形的
单元用对角线方向的壁柱连接,壁柱与拱-肋结合形成一个定义清楚
的骨架系统。小墙面被大而形状自由的窗户所打破,这是一种在圣玛
丽亚神意教堂中已经出现的解决方式,明显是为了表现围墙在结构上
的"开放性"特征。

垂直发展的中心化方案在其他一些项目中重复出现,其中有两个
建成了,并且在历史的变迁兴衰中幸存下来。1666年在都灵安顿下
来之后,瓜里尼受查理·伊曼纽二世委托完成圣辛多尼礼拜,或称"神
圣裹尸布"礼拜堂,这个礼拜堂由阿梅代奥·迪·卡斯泰拉蒙特
(Amedeo di Castellamonte)开始建造(1657年)。[81]礼拜堂附属于与公爵
宫殿联系密切的大教堂的东端。它采用了一个圆形平面,但是瓜里尼
赋予它一个全新的解释。为了结合三个入口,也就是两个教堂入口和
一个宫殿入口,他把圆形划分成九段,并以大拱横跨两个一组开间,把
剩下的三个作为入口。当两个从大教堂通向礼拜堂的斜坡以一定的
角度与教堂的外围相遇时,他引入了一个圆形空间作为过渡,在确定
楼梯凸起形状的同时,与主要空间相互渗透。因此,在两个不同高度
之间形成了一种连续的运动。这些圆形门厅比瓜里尼的其他任何概
念都更能证明他处理空间问题的技巧,以及通过相互渗透解决转化中
可能出现的困难的能力。

上面提到的大拱有三个而不是通常的四个帆拱。他们被大窗户
打破,这种窗户在入口的开间上也能找到,因此它引入了有规则节奏
的六个元素,从一个迷惑不解的对位法到基本的九和三的划分。三个
拱支撑一个正常的圆环,上面坐落着极为不同寻常的穹顶。它的"鼓
座"被大的拱形开口所打破,形成"双"墙内壳的一部分,与早期的圣安

图 162　罗马,拉泰拉诺的圣乔万尼
　　　　教堂,室内,中厅细部
图 163　罗马,拉泰拉诺的圣乔万尼
　　　　教堂,室内,侧廊

妮－拉－罗亚尔教堂有关。这些窗拱支撑一系列弧形拱肋,这些拱肋从中心到中心跨越六个拱。在这些肋上,新的系列拱肋跨在中心与第一个拱肋的中心之间,这个过程重复了六次,形成 36 根主拱肋系统,定义出六个六角形,其中的三个相对其他三个旋转了 30°。在拱肋之间插入小窗户,让整个结构透明。空间以十二边星形结束,它的中心出现了神圣的鸽子,结构的非理性特点被始终重复的黑色大理石着重强调。事实上,圣辛多尼礼拜堂是有史以来最神秘和动人的空间之一。[82]

在圣辛多尼礼拜堂附近,从 1668 年起,瓜里尼建造了德亚底安的圣洛伦佐教堂[83],在这里,他非常自由地设计了平面,这个平面也许可以视为他最富有想像力的创新,因为它影响到教会建筑的进一步发展。中心化有机体围绕八角形空间周围发展,其侧面向内部凸面弯曲。在主轴线上,根据脉动并列的原则,增加了一个横向椭圆司祭席,由此引入了一条纵向轴线。在横轴线上,类似的空间也可以增加上去,但是他们被省略了。对角线方向支撑帆拱的墙墩变成了屏风,用来定义镜头形礼拜堂。他们的柱廊和拱与主轴线方向的柱廊和拱一致,形成围绕空间的一种连续的骨架结构的效果。因此平面表现为在中心化的单元组中运用脉动并列原则。原则上,系统是“开放”的,但是瓜里尼仅仅使用了其中的某些可能性来增加次要空间,进而创造出一种被称为“简化的中心化建筑”的效果。[84]空间的垂直发展与梅西纳的帕德里·索马斯基教堂设计中采用的解决方式有关,其中的区别在于,两个穹顶都是用相互交织的肋构成的。

在圣洛伦佐教堂之后,瓜里尼规划设计了其他四个中心化教堂,这些教堂都没能建成。位于尼扎的圣加埃塔诺教堂(约 1670 年)应该是一个相对较小的五边形平面建筑。它的垂直方向被着重强调,并且有某种明显的简化要求。更大而且更复杂的是在奥罗帕为朝圣教堂(约 1670 年?)设计的解决方案。一个外侧带有凸侧面的大八角形空间被椭圆形的礼拜堂形成的环围绕,这些椭圆形的礼拜堂通过类似凹面透镜一样的临时(transitory)单元与主要空间结合,因此创造了一种脉动并列。骨架结构被简化了,因此弯曲的墙面构件非常重要。他们被大的开口打破,并且考虑到大的壁龛,首层所有八条轴都具有“开放”的特征,奥罗帕教堂是瓜里尼最强烈而且最清晰的设计之一,它对于水平辐射与垂直发展给予了具有说服力的强调。

其他两个中心化项目表明了在某种程度上有所不同的方法。在卡萨莱的圣菲利波教堂(1671 年)和维琴察的圣加埃塔诺教堂(1674

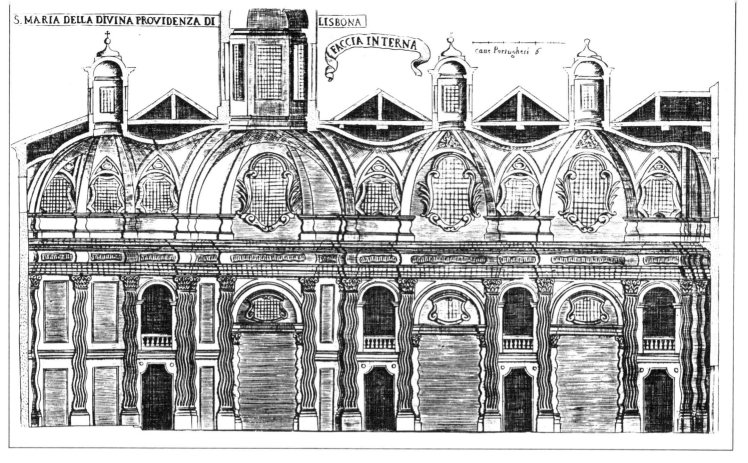

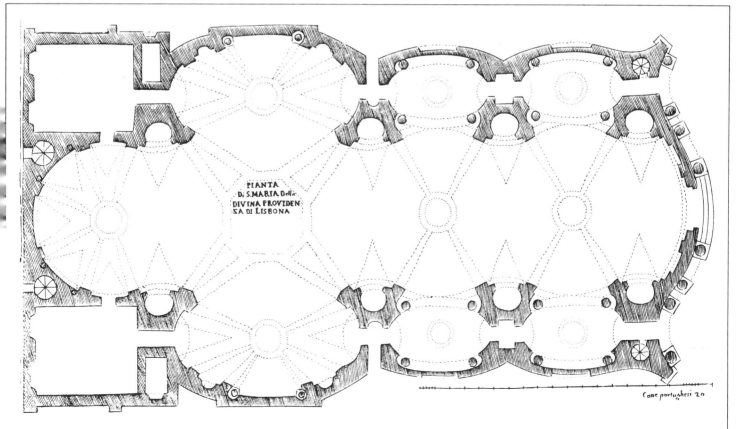

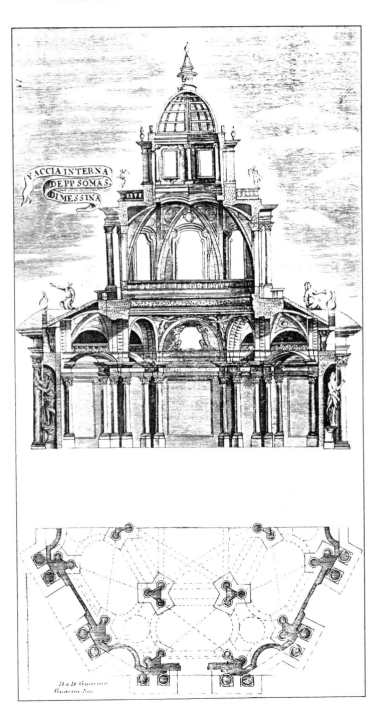

年)没有表现同样的垂直强调,但是它代表的不仅仅是对单元水平组织问题的进一步研究。圣菲利波教堂是在一个无限扩展的格网上发展起来的,这个格网是由脉动的圆形单元和带有内部凸侧面的方形组成的。空间系统用自由的柱列来定义,由一个薄的外部膜来围合。在扩展的格网中,瓜里尼引入了一个由穹顶定义的圆形中心,这个穹顶与周围四个围成一圈的单元相互渗透。一个无限扩展的脉动模式与一个被强调的中心的结合,使圣菲利波教堂成为瓜里尼最激进和最前瞻的设计作品。[85]圣加埃塔诺教堂与圣菲利波教堂相互关联。然而,主轴线上的圆形单元替代了椭圆,而且角部通过引入一个与椭圆相互渗透的圆而封闭起来。(圣菲利波教堂也有一个类似的"闭合"形式,它是通过增加一个小的镜头形浅壁凹室形成的。)垂直方向的发展比前一个项目中相对简单的穹顶表现出更加富有变化的转换。带有内凸侧面的中央方形因此转变成了一个小圆环,它上面有一个大圆形穹顶,穹顶由两个小的叠加壳体组成。这些壳体用幻境壁画来装饰,表现出一种垂直收缩与扩展的空间,它预示了克里斯托弗·丁岑霍费尔(Cristoph Dientzenhofer)的"切分"空间。在卡萨莱的圣菲利波教堂以及维琴察的圣加埃塔诺教堂中,瓜里尼想要的一般脉动运动由于使用被空间结合的"精确"方法而实现了。在他建筑生涯的最后几年,瓜里尼再次把他的方法用在纵向有机体上。位于都灵的圣母受胎教堂(1673—1697 年)表现了三个中心化单元的连续性;第一和第三个是圆形,而中间一个可以被解释为长方形或六角形。这种空间渗透创造出一种强大的空间综合。

　　一般地,这个方案可以解释为长方形或六角形。相互渗透创造了一种强大的空间综合。一般情况下,这个方案可能具有双轴线的特征,但是也有一种显著的纵向扩展节奏和收缩。立面重复了波罗米尼在圣卡利诺教堂的曲率,表明了室内和室外之间的相互作用。古典柱式的使用比瓜里尼的其他作品更加传统,这可能是因为教堂是在他去世之后完成的。

　　在布拉格的圣玛丽亚·阿尔托伊丁教堂设计(1679 年)中,同样的方案有了变化而且更丰富了。第一和第三个单元已经变成了横向椭圆,这些椭圆与中间的一个更大而且更不规则的椭圆相互渗透,同时也与横向椭圆浅壁凹室相互渗透。司祭席以脉动并列加入进去。所有空间的相互关系被清楚地定义,这种解决方式作为一个整体代表了成熟而有说服力的成就。[86]瓜里尼后来的第三个纵向设计方案,也就是位于都灵的圣菲利波教堂(1679 年),同样也是以三个连续的大中

图 167 　瓜里诺·瓜里尼,巴黎,圣安
妮-拉-罗亚尔教堂,剖面
(引自《民用建筑》,图 11)

图 168 　瓜里诺·瓜里尼,巴黎,圣安
妮-拉-罗亚尔教堂,平面
(引自《民用建筑》,图 9)

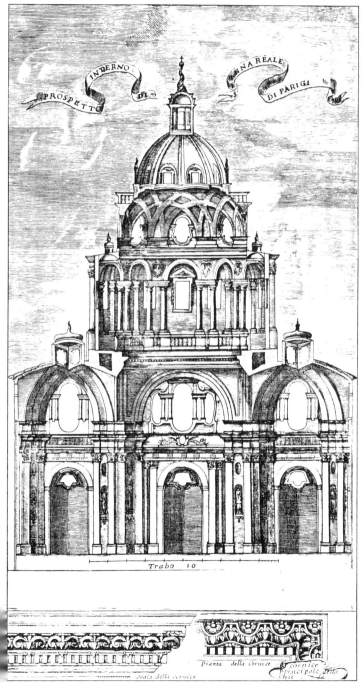

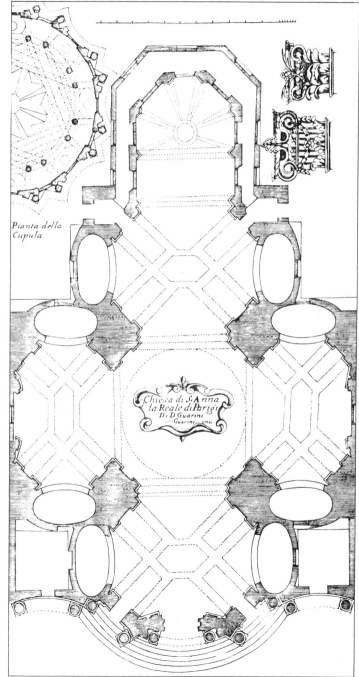

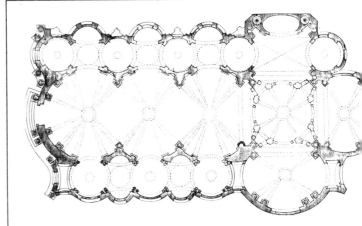

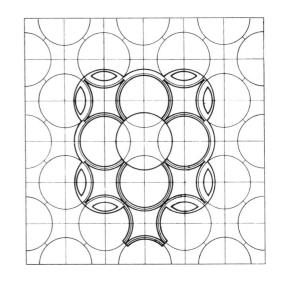

图 173　瓜里诺·瓜里尼,卡萨莱,圣
菲利波·内里教堂,剖面和平
面(引自《民用建筑》,图 25)

心化空间为基础。对称安排的礼拜堂前廊和司祭席形成了一定的双轴效果。所有的主要单元都伴随着次要礼拜堂。相互渗透或者脉动并列并没有发生,但是,在整个有机体中不断重复的对角线方向构件仍然创造了一种强大的空间综合。骨架的效果非常明显,外墙上是自由形大窗户。那些天窗类似墓穴形,这在圣玛丽亚神意教堂中已经出现过了。

　　我们已经证实瓜里尼的一般方法如何能够在大小不同的中心化和纵向教堂中加以运用。他的起点是这个时代的传统类型,例如希腊十字、圆形、八角形、拉丁十字或者穿顶单元的序列。瓜里尼并不是像科尔托纳和波罗米尼一样,以将这些方案合成为目的,而是把空间元素或者单元定义成与所有方案一样普遍,于是通过相互渗透和脉动并列,将他们结合成一个连贯的整体。因此,他从来没有达到一种像波罗米尼那样"新的"复杂空间;他的成就更是表现在"开放"空间群组的发展之中。瓜里尼的方法具有一定的机械特征。它是一种关节的组合(ars combinatoria),得到巴洛克时代哲学家的正视。像波罗米尼一样,瓜里尼也是以结合前面明显的特征和内容为目标,这些内容包括科学与艺术、思想与感情。他在《民用建筑》中写道:"尽管依赖于数学,建筑仍然是艺术,以愉悦为目标,它并不希望看在因果的份上,厌恶情感……"[87]

三、结论

　　我们已经看到,巴洛克教会建筑的基本类型回到了文艺复兴的模型,并且在 16 世纪后半叶有了重要修改。纵向平面通过双轴线方案或者引入一个明显的中心而走向中心化。对这个问题的最后掌握,表现在从卡普拉罗拉的圣特雷莎教堂的第一次尝试,一直到布拉格的瓜里尼的圣玛丽亚·阿尔托伊丁教堂设计中完整的解决方式。中心化的平面通过"拉长"基本形(纵向椭圆,拉长的希腊十字),通过增加第二个中心化单元,或者通过"减弱"横轴线而得到拉长。瓜里尼的圣洛伦佐教堂也许可以作为一个很好的例子来加以讨论。在两种情况之下,这个结果可以有组合或者合成的特征。在巴洛克阶段早期,一个简单类型(例如大单元)的结合是很正常的,而瓜里尼通过把类型分解成空间元素或者"单元",达到更加灵活的结合。而在另一方面,波罗米尼以一种合成的融合为目的,这是其他人很少能够做到的。一般纵向和垂直轴都得到了强调;第一个是通过将立面转变成为一个占主导地位的"入口",通向内部的圣所(theatrum sacrum),把神坛变成另一

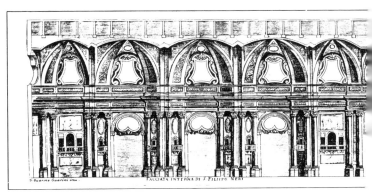

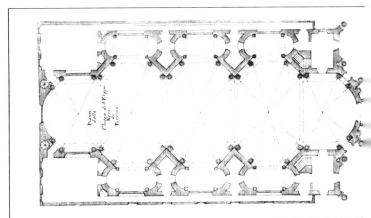

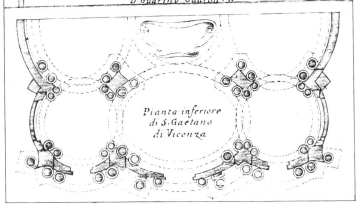

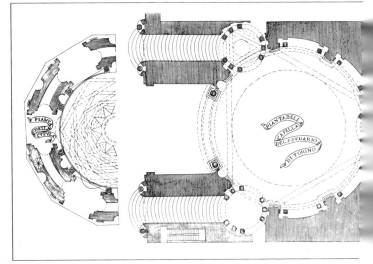

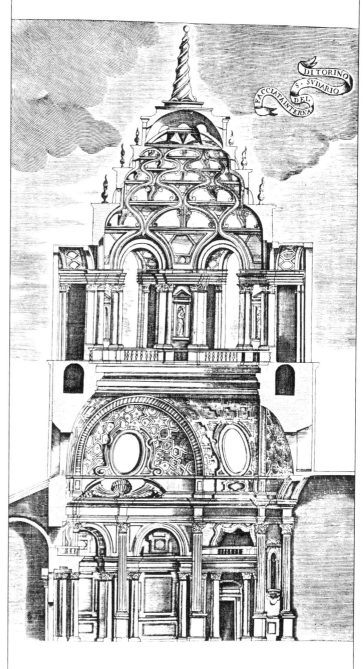

图 178　都灵,大教堂,圣辛多尼礼拜
堂,轴测图(引自《建筑与城
市规划百科词典》)

图 179　瓜里诺·瓜里尼,都灵,大教
堂,圣辛多尼礼拜堂,剖面
(引自《民用建筑》,图 3)

图 180　瓜里诺·瓜里尼,都灵,大教
　　　　堂,圣辛多尼礼拜堂,穹顶
图 181　都灵,大教堂,圣辛多尼礼拜
　　　　堂,穹顶内景

图 182 瓜里诺·瓜里尼,都灵,圣洛伦佐教堂,剖面(引自《民用建筑》,图 6)

图 183 都灵,圣洛伦佐教堂,平面(引自《民用建筑》,图 4)

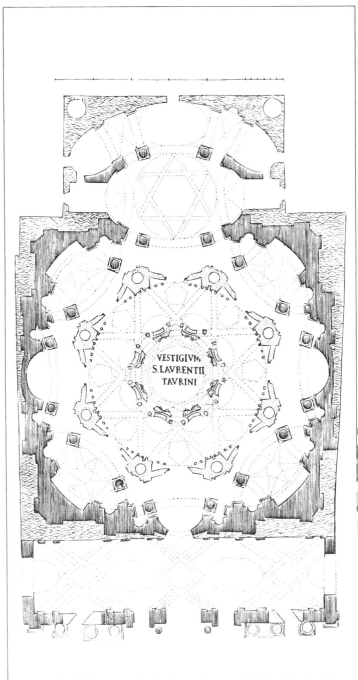

图 184　都灵,圣洛伦佐教堂,穹顶
图 185　都灵,圣洛伦佐教堂,瓜里尼
　　　　重建方案透视(德贝尔纳迪·
　　　　费雷罗提供)

图 186　都灵,圣洛伦佐教堂,轴测图
　　　　(引自《建筑与城市规划百科
　　　　词典》)

图187 都灵,圣洛伦佐教堂,穹顶内景

图188 都灵,圣洛伦佐教堂,穹顶

个"门",通向供奉神像的虚幻空间;第二种通过拉长的比例,或者通过表现一种叠加元素的垂直"生长",结束于另一个天堂的图像。在两种情况之下,教堂与其环境有更积极的关系。"开放的"纵向轴线使之成为城市空间的一部分,而垂直强调表现的角色是作为一个"焦点"。阿杜安-芒萨尔的因瓦尔德斯大教堂是一个有特色的例子,前面有规划的场所。空间普遍综合的强烈愿望非常明显。这种要求导致建筑被转换成一个透明骨架,而次要的空间失去了他们的独立性,成为开放系统的一部分。相互渗透、相互依赖("脉动并列")和室内-室外的补充关系都是有特色的方法,用来获得所需要的综合。这些方法在盛期巴洛克阶段由弗朗索瓦·芒萨尔、彼得罗·达·科尔托纳和波罗米尼等建筑师发明,并且在17世纪后半叶被瓜里尼加以系统化。空间的连续性经常伴随着造型的连续性,特别表现在波罗米尼的作品中。

造型的连续性同时也意味着,以前明显的元素逐渐结合起来,形成了新的综合整体,表现了传统特色和内容的融合。福斯曼(Forss-man)曾经指出,教堂室内通常是科林斯式。他引证斯卡莫齐(Scamozzi)的话说:"确实,在所有的柱式中,没有一个像科林斯柱式一样美丽和值得称颂。古人用这个柱式来装饰他们的神庙立面和室内,他们的愿望表明,只有高尚和最佳的事物才适合上帝……我们能够平等地说,这个柱式代表灵魂的真挚,这归功于至高无上的上帝的威严。"[88]在巴洛克时代,科林斯的丰富性被作为一个起点,使教堂成为象征形式的一种全面合成,无论是过去还是现在,都是一种简洁的造型(Imago mundi),表现教堂永久而普遍的角色。[89]古典柱列和穹顶代表系统基本教条的稳定性,而幻觉的柱式和对光线的戏剧性运用创造出一个"凝固的剧场",以说服与传递为目的。一般地,神圣建筑"有这样的任务,让生命的人性化灵魂生活在一种单一的维度中,一个没有地域限制的空间中"。[90]伯尼尼是巴洛克神圣主义的伟大发明者。他在圣彼得教堂的彼得主教宝座(Cathedra Petri)中提供了一个有特色的例子。作为罗马教皇权利崇拜(apotheosis),为埃克西亚凯旋广场(Ecclesia Triumphans)主要纪念碑的纵向"通道"形成了一个天然的"目的地"。伯尼尼的建筑令人信服的动态活力主要是通过装饰形成的,而波罗米尼和瓜里尼让建筑形式本身具有极富表现力的内容。在中欧的晚期巴洛克建筑中,这两种选择融合成为最终充满活力的合成。

139

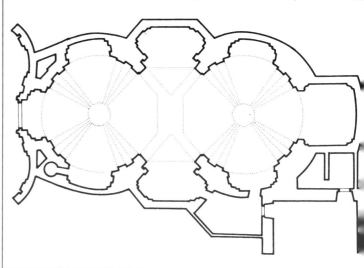

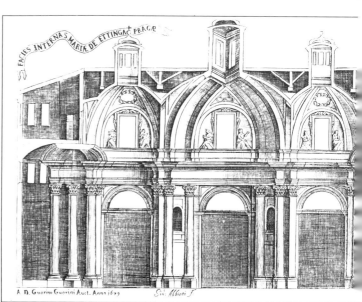

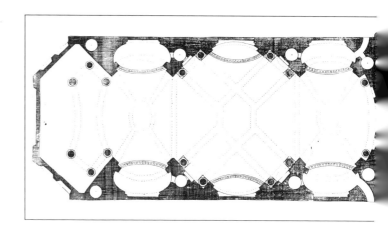

第四章 宫殿

导言

在第一章中,我们回顾了 17 世纪世俗建筑的基本类型:城市－宫殿和大别墅,它们同样表现出合成的趋向。城市－宫殿变得开放了,就像在马蹄形法国旅馆中表现的那样。同时,别墅成了典型代表,与它以前整齐而刻板的基础有相同的设计。然而,这种发展是以本地因素,诸如气候和生活风格为条件的,并且因此在不同国家经历了不同的过程。在意大利,块状府邸返回到了古希腊古罗马的传统,同时,它将阳光挡在了外面,与气候条件充分适应。它的体量特征也符合意大利感觉的造型形式和连接。因此,虽然它经历了一定的变化,但是府邸仍然幸存下来,进入到巴洛克时代。北方地区的传统则完全不同,更严酷的气候条件要求有更舒适的居住条件,因此凡是有必要的地方都允许阳光进入。所以,我们发现它不是采用封闭块,而是采用伸出侧翼与凉亭组合。一般布局更具灵活性,也更容易适应舒适生活的要求。事实上,17 世纪法国建筑对使用和日常生活的关注日益增长,同时,意大利府邸因为"不舒适"而遭到批评。[1] 因此,我们可以方便地将内容分成两部分,首先讨论意大利府邸,然后讨论法国大别墅与旅馆。其他国家的成就将在本书最后一章作简要分析。

对于宫殿的研究必须包括一些一般性问题,这些问题与在教堂中所讨论的问题有一定关联,其中包括空间组织、造型综合,以及建筑与环境之间的关系等等。然而,从功能上看,宫殿比教堂复杂得多,同时,一般意图往往是以一种不太直接的方式表达出来。例如,一种真正的空间综合很少成为可能,因为一个单元需要服务于不同的目的。与教堂相比,宫殿要满足的需要包括更多样更可变的因素,使功能适应性这一问题具有本质的重要性。因此,巴洛克宫殿的形式,也许可以理解为特殊的功能要求与这个时代一般的系统化愿望之间的合成。它宽敞而具有代表性,而且也居于主导地位。

一、意大利府邸

我们已经把府邸定义为"封闭的世界",因为它基本上是一个块,以内院为中心,这是向心有机体真正的焦点,并因此具有这种特征:作为一个没有方向性的、由统一和连续边界围合的空间。[2] 然而,根据它们的实际功能和与周围城市空间的关系,次级空间的布局呈现某种差异。通常有一个主要入口,允许进行有效控制,并且易于辨别方向,同时,主楼梯可以位于刚进入内院的右侧或者左侧。服务入口通常位于后部,与马厩或马车房在一起。一般情况下,底层用于服务(可能是主

PALAZZO DEL SIG MARCHESE SERUETI NEL RIONE DI COLONNA AL SEMINARIO ROMANOX PERFETTIONATO E ARC RA DI GIACOMO DELLA PORTA

要街道上的商店),而主要房间放置在二层或主要接待层。房间彼此组合在一起,虽然常常有一个主要大厅,但是,这些房间的形状和尺寸并无太大的差异。三层是卧室,往上还有夹层或者阁楼,有一些供仆人使用的房间,形成一个整体。主要房间的使用受到当时居民的室内家具和陈设的决定,而不是受到与周围城市环境之间的形状和位置关系的影响。周围的一圈走廊或凉廊,在庭院与房间[3]之间形成一种功能和空间的过渡,并着重强调有机体的向心性特点。

与此相反,外墙是连续的封闭外壳。它在垂直方向上有所变化,用于表现室内空间的变化。因此,底层空间在传统上被认为是粗面石基础,它强调建筑的体量和实体特征。在 15 世纪(文艺复兴初期)的宫殿中,垂直方向的连接通过层与层之间的粗面石墙的加工粗糙程度降低而得到关照(take care of),因此保持了体量体块的统一性。[4] 在接下来的一个世纪中,对古典柱式的广泛试用开始了,它们或者用来给主要接待层提供高贵的宏伟感,或者用来创造复杂与矛盾的效果。[5]在某些情况下,差异是通过对次要元素的处理而完成的,这些次要元素是窗框而非适当引入的柱式。这种特殊想法得到小安东尼奥·达圣加洛(Antonio da Sangallo the Younger)的认同,他发展出一种类型,一般被视为罗马府邸的类型。[6] 这种类型在圣加洛宏伟的法尔内塞宫(1541—1549 年)中得到了最完整的体现。法尔内塞宫的整体组织服从上面纲要的一般原则。内院表现了传统柱式的叠合[7],而立面由窗框的变体和交叉拱连接而成。然而,特征的连续方式一般是不同的,由于主要接待层的窗户是用小混合柱式来形成框架,而顶层是爱奥尼柱式。因此,连接被用来"表达"建筑的内容。法尔内塞宫代表了一个完整而比例非常匀称的块,这个块很少与它的环境相互作用。后来,米开朗琪罗试图引入一条穿过建筑的纵向轴线,在空间上把它与台伯河另一侧的法尔内西纳别墅连接起来。因此,他强调了立面中间一个跨越入口的大窗户,同时,他计划通过引入一个透明凉廊(1546—1549年)打开庭院后墙。因而,米开朗琪罗发展了两种母题,它们对于巴洛克府邸的发展具有本质的重要性。

在随后几十年里,采用宫殿主轴线的想法被一些建筑师采纳。在罗马的卡埃塔尼宫(Mattei-Negroni)(1564 年)中,内院后墙变成了一个单层凉廊,用于连接两个 U 形建筑的侧翼。它的托斯卡柱式成为庭院另一侧连接的延续,因此创造了一种有趣的围合和纵向的对位。这种解决方式可以归功于阿曼纳蒂(Ammanati),他曾于 1560 年在佛罗伦萨皮蒂宫庭院中采用了类似的方式。这种想法也被马代尔诺在

图 199　卡洛·马代尔诺,詹洛伦佐·伯尼尼,罗马,巴尔贝里尼宫

马太宫附近(1598 年规划,1618 年完成)使用,一般认为,它是罗马第一座真正的巴洛克宫殿。在马太宫,由于两侧没有凉亭,庭院的方向性得到了进一步强化。在这里,我们发现了连续墙面,其连接限制在沿凉亭水平方向发展。传统的中心化庭院被放弃了,而纵深运动的强烈愿望则非常明显。[8] 在宫殿角部位置,沿着宏伟楼梯的方向引入了一条横轴线,这是马代尔诺最重要的革新之一。它有四跑而不是通常的两跑,而且休息平台被大量抹灰装饰的碟形穹顶所强调。在空间上,这种解决方式直指盛期巴洛克宏伟的大楼梯。

不太前卫但给人印象更深的是博尔盖塞宫的庭院。[9] 这里,建筑的三层侧翼用一个开放的两层凉廊连接起来,这种解决方式应当归功于弗拉米尼奥·蓬齐奥(1607 年)。庭院周围的连续性是完美无缺的,而同时纵向运动用一个很大的花园指定方向。然而,在这里讨论的三个例子中,我们不能讨论建筑与城市环境之间真正的相互作用。纵向轴线意味着私人领域的扩展,通过在空间上把花园与庭院连接来实现,但我们同样也可以在一种虚幻的、理想的景观中谈论“开放”。

就像教堂一样,宫殿与城市环境的相互作用采用了一种新的立面连接形式,对于中央轴线有了新的强调。早期巴洛克教堂立面的创造者——贾科莫·德拉波尔塔——同样对解决宫殿立面问题作了最早的尝试。他的方法只是简单地把窗户紧靠中间布置,试图创造一种有效的集中效果,进而废除传统罗马府邸静态的自我满足。1585 年未完成的塞卢皮宫(Crescenzi)是一个很好的例子。他没有达到任何立面的垂直综合,这是一个后来罗马建筑师需要处理和解决的问题。

上面讨论的所有例子中,平面都令人惊讶地缺乏系统化。房间组合与主轴线缺乏清楚的关系,同时对称的立面与后面的空间分布不符。例如,在法尔内塞宫,主要大厅被安排在立面的左角。[10] 如果我们走出罗马,我们会发现更加先进的解决方式。在帕拉第奥的宫殿中,楼梯和主要大厅的布置是有规律的,同时,整个平面是以趋向完美的轴线对称,而不是趋向巴洛克意义上的空间综合为目的,如果看一看热那亚晚期的 16 世纪意大利宫殿,我们发现了类似的对于对称的偏爱,以及令人惊讶的成熟的空间处理方式。最伟大的杰作是多里亚·图尔西宫(Municipio),由罗科·卢拉戈(Rocco Lurago)设计于 1564—1566 年。在这里,宽敞的门厅通过一个自由的楼梯跑连接到一个拉长的内院中。庭院的背面不是围合封闭的,但是通过一个宏伟的楼梯与上面的花园连接起来。由此产生了一种强大的纵深运动效果,同时,纵向轴线成为对称平面的组织因素。因此,主要大厅被安排在门

厅上面,侧面是次要楼梯。多里亚·图尔西宫代表了宫殿和别墅的一种有趣结合。在朝向街道的方向上,我们体验到一座典型的城市‐宫殿,但是,宏伟的楼梯通向花园,只有在宫殿的上面部分才可以看见,它创造出一个更亲切的尺度。[11] 这种解决方法是由坡地地形决定的,但空间连续的愿望是全新和充满希望的。事实上,这个平面在大学宫(1634—1638 年)中得到了建筑师巴尔托洛梅奥·比安科(Bartolomeo Bianco)的进一步发展。在这里,门厅设计成与庭院(包括凉廊)宽度相同,通向花园的宏伟楼梯已经变成完全透明。因此,宫殿被减为一个 U 形体量,类似上面讨论过的罗马宫殿的主体形状。然而,空间连续性变得无限强烈,同时,平面表现出对称的规则,这在当时的罗马是很罕见的。热那亚宫殿的墙面采用典型的手法主义连接,它把简单的文艺复兴拱廊和复杂的实验与互锁的粗面石墙和柱式结合起来。

几乎与热那亚同时期,我们也找到其他一些重要的尝试,试图在宫殿与城市环境之间创造一种更活跃的关系。1627 年,里基诺在米兰建造了瑞士参议院(Collegio Elvetico)立面,他让中央部分变成为凹面,通过不间断而强烈突出的檐口和规则重复的窗框,来着重强调墙面的一般连续性,这样,建筑“接纳”了访问者,即外部空间。十年之后,波罗米尼把这种手法用在祈祷室立面上。室内和室外在主轴线上的交会,被一个重点强调的入口和一个凸阳台标识出来。这种具有说服力的解决方式进一步证实,迄今鲜为人知的里基诺应当被认为是早期巴洛克建筑的一个主角。

1625 年,马代尔诺被委任建造新的罗马巴尔贝里尼宫。一张保存下来的乌菲齐图表明,他首先想建造一个带有拱廊庭院的大方块。保罗·马吉(Paolo Maggi)绘制的 1625 年罗马平面图中就有这样一个方块,但是还有伸出的侧翼框定朝向城市的立面。事实上,建成的宫殿上有这种贵宾接待前院,保存下来的档案表明,它的一般形状肯定在 1629 年 1 月之前已经确定下来,此时,马代尔诺已经去世,而伯尼尼接受了这种建设方向。[12] 波罗米尼作为两个人的助手,对一般布局可能产生的影响不容否认。在规划过程中,内院被放弃了,并且把宫殿变成一个“H”形布局,这种布局对于罗马城市‐宫殿来说是革命性的,而且,第一个设计方案证实了马代尔诺原来想建造一个城市‐宫殿。建筑地段位于城市外围的花园中间,这种构思的目的是为了把宫殿变成具有纪念性的郊区别墅。后者已经建成了许多不同的模式,但是,一个特别富有创造性的类型被佩鲁齐在邻近台伯河受人喜爱的法尔内西纳别墅(1509—1510 年)中实现了。[13] 法尔内西纳别墅的入口立

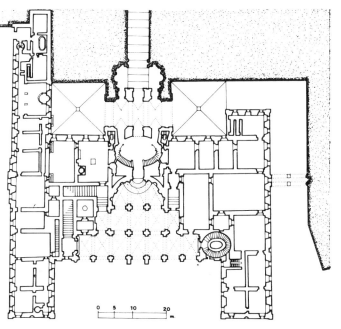

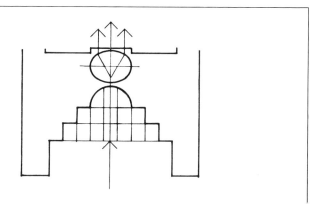

图 200　罗马，巴尔贝里尼宫，平面
　　　　（勒塔瑞利绘制）
图 201　罗马，巴尔贝里尼宫，示意
　　　　图

面有一个贵宾接待前院和一个开放的凉廊，花园前面是简单的平墙面，墙面中间部分有一个出口。结果形成了马蹄形平面，这也是晚期巴洛克时代别墅与宏伟住宅的基本方案。在巴尔贝里尼宫，这种主题得到接受并有了进一步的发展。入口门廊有三个深开间，它的宽度逐渐减少，以便在主轴线方向形成强大的中心感。在立面上，这种中心化是通过七开间的凸出部分表现出来，这七个开间由重叠的三层拱廊组成。门廊通向一个椭圆礼拜堂（sala terrena），它开口于一个长斜坡上，斜坡通向花园。[14]由于花园标高高于入口庭院标高，所以它用桥来与一层的另一个椭圆房间连接起来。在这个椭圆房间和主立面之间，我们发现一个双层府邸宏伟的主要大厅，对称地布置在主轴线上。因此，巴尔贝里尼宫的平面不仅包含第一个真正的纵深方向的巴洛克运动，而且也是对趋向系统化的强大偏爱和一个更实际的平面布局。在空间上，它比 17 世纪任何法国宫殿更能表现出沿纵向轴线方向运动的动态解释。深而收缩的门廊母题再次重复，虽然它的平面对晚期巴洛克时期意大利之外的宫殿发展特别重要。然而，在意大利，巴尔贝里尼宫仍然是一项独一无二的作品，它代表类型的合成，这些类型与通常的意大利建筑形式并不符合。马代尔诺、伯尼尼、波罗米尼和彼得罗·达·科尔托纳都对此作出了贡献，也就是使巴尔贝里尼宫成为巴洛克艺术独一无二的表现，后者主要通过在格朗大厅中宏伟的顶棚表现出来，他用宏伟的壁画向神的旨意（Divine Providence）和巴尔贝里尼教皇乌尔班八世（1633—1639 年在位）表示敬意。"整个建筑构图都在运动中，同时人物在檐部的绘画、复制的女像柱以及云彩之间穿行飞奔。装饰不再是寓言神话，而是祈祷者和观赏物"。[15]伯尼尼的宫殿包含了一个四跑楼梯，它是晚期巴洛克宫殿宏伟楼梯的先驱。

　　巴尔贝里尼宫证明了巴洛克建筑如何引入强烈的纵向轴线，作为组织建筑平面及其与城市关系的基本手段。在他后来的世俗建筑作品中，伯尼尼为这个一般意图作了进一步证明。潘菲利家族的迪蒙特西多里奥宫始建于 1650 年，但是这项工作 1655 年被中断了，当时一层的建设刚刚完成。四十年以后，这座宫殿由卡洛·丰塔纳（Carlo Fontana）完成，他修改了入口设计。[16]1871 年，这座宫殿变成意大利议会，后来，在前面的庭院中建造了一个大集会厅。伯尼尼的平面表现了与主轴线相关的一种对称布局，轴线用一个宏伟的入口来强调，宽阔的门厅和"U"形庭院的侧面是两个相似的楼梯。始于巴尔贝里尼宫的系统化得到了进一步发展。特别长的立面以一个中央凸出部分为主导，在两端以轻微的出挑作为结束，不同的墙面分段相交成钝角，

创造出大的群体出挑效果。因此,我们看到的建筑不像法尔内塞宫一样是一个比例匀称的体块,但却是由一般城市状况所决定的。底层通过在两个端点使用粗面石墙和自然的岩石排列,使之具有基础的特征,上面两层楼面用高壁柱捆绑在一起,壁柱同时用于确定五个墙体单元。中央轴线用门来强调,门的侧面是男像柱,支撑第一层大窗户的阳台。伯尼尼的解决方案有简单而强烈的纪念性,对于晚期巴洛克宫殿的发展具有决定性作用。

在基吉－奥代斯卡尔基宫(1664—1667年),伯尼尼将他的意图作了进一步说明。这座建筑已经由马代尔诺开始建造,他设计了内院。伯尼尼增加了一个新立面,可以视为巴洛克宫殿立面中最卓越的一个。在两个粗面石侧翼之间放置了一个中央凸出部分,其庄严无与伦比。我们再次看到,一个巨大的柱式被简洁的底层托起,但是在这里,壁柱以及交互出现的装饰丰富的窗户创造了一种规则的韵律。凸出部分被强烈突出的檐口和栏杆所强调,这些栏杆用来支撑雕像。连接以一种具有说服力的方式,表现了底层的封闭性、主要接待层节日气氛的开放性和顶层楼面的私密性。在一般情况下,立面体现了对塞利奥观念真正的巴洛克解释,这种观念就是"人工活动"自我独断地从"自然活动"中升起。遗憾的是,1745年建成的立面太长,因此与占主导地位的中央轴线失去了清晰的组织关系。

伯尼尼的宫殿表现了空间系统化和造型的水平与垂直综合的强烈愿望。他的努力在巴黎卢浮宫(1664—1665年)的设计方案中达到顶点。1664年,科尔贝特(Colbert)刚刚成为国王的建造总监,由于他对勒沃的平面不满意,因此决定从意大利建筑师那里寻求建议。原来想要从伯尼尼、科尔托纳、拉伊纳尔迪和波罗米尼那里得到设计方案,但波罗米尼拒绝参与。因此,法国人的兴趣很快集中在伯尼尼身上,而科尔托纳和拉伊纳尔迪的设计方案也很少得到考虑。在1665年4月去巴黎之前,伯尼尼已经呈送了两个设计方案,并且在他逗留的六个月时间里,完成了第三个设计方案,这个设计方案于10月17日,也就是伯尼尼离开法国的前三天奠基。[17]然而,接下来的几年中,国王的兴趣转向重建凡尔赛,同时这个宏伟的设计方案被放弃了。1667年,著名的东立面按照弗朗索瓦·多尔贝(François d'Orbay)的设计方案建成。[18]由于他不得不结合现有的结构,因此,伯尼尼的设计方案表现为宫殿大庭院周围的一种类似布局。在第一个设计方案中,他主要集中精力设计缺失的东段,而第三个设计是扩大很多的方案,庭院周围的现有结构隐藏在两层凉廊后面,同时东侧和西侧增加了更小的庭院。

图 205　詹洛伦佐·伯尼尼,巴黎,卢
　　　　浮宫,主透视,第一方案(巴
　　　　黎,卢浮宫)
图 206　巴黎,卢浮宫,总体布局,第
　　　　二方案(巴黎,卢浮宫)

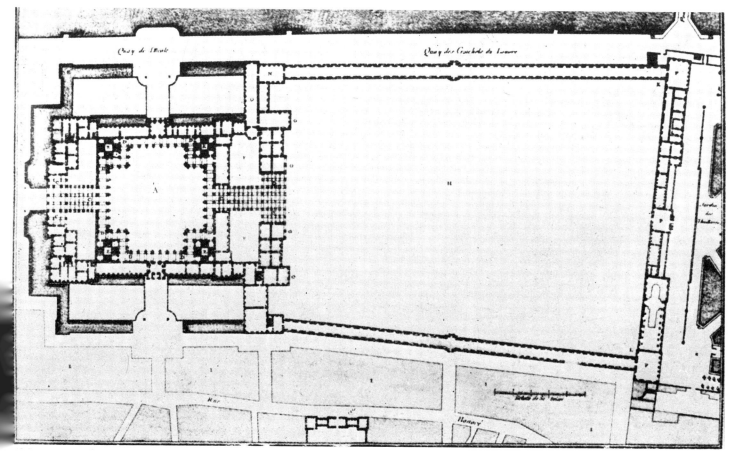

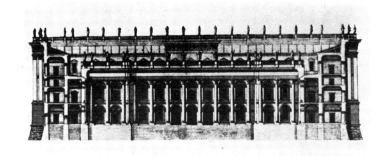

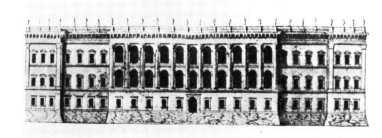

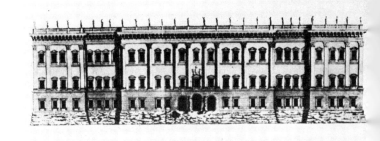

从建筑上说,第一个设计方案的确是一个十分激进的创新。基本上,主立面可以解释为巴尔贝里尼宫贵宾接待前院方案的进一步发展。在这里,伸出的侧翼通过一个两层凹凉廊与中央凸出部分连接起来,同时,凸出部分本身成为一个凸出体量,通过一个高阁楼来强调,这个阁楼给宏伟的椭圆门廊以高度。[19]结果得到了一个强烈造型的波动立面,它的运动被一个连续的檐口和一个占主导地位的巨大柱式半柱廊统一起来,半柱廊侧面是壁柱。[20]凹面的双臂以及透明的中央伸出体量,给室外和室内空间的相互作用提供了一种无法超越的感受,同时,简单而精巧的连接创造出一种宏伟的庄严感。两个楼梯与庭院角部结合在一起,一个是方形,一个是圆形,与巴尔贝里尼宫的布局相呼应。这个设计方案仍然是 17 世纪最伟大的建筑成就之一,确实符合正在谈论的建筑任务。在第一个卢浮宫设计方案中,伯尼尼证明了弯曲空间的相互作用能通过简单体量的并列来创造,同时他也证明,对巴洛克基本意图最令人信服的解释,在于对一个伟大主题的清楚陈述。

第二个设计方案的东立面通过把中央凸出部分变成凹面,改变了第一个设计方案的解决方式。凉廊被放弃了,同时通过在粗面石底层上使用巨大柱式的方法,加入了第三层楼层。从空间上看,这种解决方式不太令人信服,因为正立面的运动与体量之间的相互作用不相符合。某种简化的趋势非常明显,这种趋势导致第三个设计方案采用直立面,在这个设计方案中,三层布局得到了保留,同时整个解决方式可以看作基吉-奥代斯卡尔基宫主题的纪念性变化。因此,主要凸出部分用柱廊来加以强调,这些柱廊更密集地朝向中间部分。一般地,立面有一个相对封闭的特点,而相对的西立面应该有一个宽的凸出部分,它在上面两层都有开放的凉廊。庭院的解决方式是这个设计方案中最有意义的方面之一。通过在内部取消第三层楼面,伯尼尼让墙面只有两层高,因此获得了采光良好的空间,而且比例极好,成为现存最壮丽的庭院之一。正如我们已经提到的,他的设计方案由于实际的场所而受到批评,它永远没能付诸实施的原因主要是由于这样一个事实,那就是它不能满足法国口味和法国生活方式。"巴黎保存了它不确定的荣耀,它的墙上拥有有史以来设计的最具纪念性的罗马府邸,尽管伯尼尼的设计方案非常壮丽,巨大而朴素的高大建筑在巴黎朴素的气氛中,将永远作为一种突出的外来发展。在罗马,伯尼尼设计的祖先——法尔内塞宫的立方体——可能被用来与唱诗班的独奏曲相比。在巴黎,伯尼尼不可抗拒的卢浮宫将不会有任何共鸣:它将在城

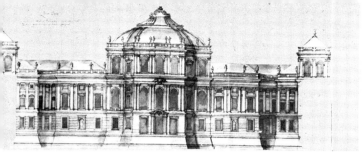

图211 彼得罗·达·科尔托纳,巴
       黎,卢浮宫,花园宫立面方
       案(巴黎,卢浮宫)
图212 弗朗切斯科·波罗米尼,罗
       马,卡尔佩尼亚宫,平面(维
       也纳,阿尔伯蒂纳图纸收
       藏)

市的欢乐气氛中散播出一种几乎是忧郁的魅力。"[21]

卢浮宫现存部分包括一系列从双面采光的房间,也就是单廊。而伯尼尼在庭院周围增加了凉廊,形成了一个半双廊。拉伊纳尔迪和科尔托纳与勒沃原有的平面保持接近,它向东提出了一个新的双侧翼设计。因此,由于墙面连接,他们的设计方案非常有趣。[22]拉伊纳尔迪的主立面设计体现了他对柱列的爱好。事实上,立面上三个高凸出部分用重叠的双柱柱廊来装饰。凸出部分之间的矮墙是单个壁柱和阁楼组成的巨大柱式。整个设计呈现拉紧和超负荷的特点,与伯尼尼的设计方案中简单而富有纪念性的特点形成对比。然而,我们不得不谈论一个特殊的特性:凸出部分是由城堡结构完成的,这些城堡结构支持对皇冠的自然主义模仿。采用这种解决方式,"拉伊纳尔迪的意图可能是为绝对君主政权的神圣起源思想提供一个雄辩的表达,一种源头,从这种源头引出了威信和尊严"。[23]科尔托纳设计的宫殿也用一个大穹顶作为主导,类似一个封闭的王冠。如果记得伯尼尼第一个设计方案中的椭圆形阁楼的话,一个人可能想像到这个平面包括一个"王冠"。[24]科尔托纳在向巨型建筑提供力量和统一的过程中也遇到了困难;因此,在垂直方向上,他的主立面表现了叠加元素极不平衡的增加部分。中间部分宽的凸出部分通过一定程度的组织来保持整体性。与此相对的朝向杜伊勒利宫的立面更加有趣。[25]中间一个大的椭圆体量向花园部分伸出。两侧都增加了较低的侧翼,把中央体量与通向杜伊勒利宫长长的横向长廊结合起来,它通过有趣而暧昧的过渡开间来达到这种结合,它让我们想起圣玛丽亚·德拉帕切教堂独特的解决方式。墙的连接说明,科尔托纳的兴趣在于丰富的光影运用。一般来说,设计方案代表了法国亭阁系统的一种有趣的合成,以及意大利对造型体量的模型,它预示了菲舍尔·冯·埃拉赫(Fischer von Erlach)和伊尔德布兰特(Hildebrandt)某些作品的合成。几乎在同时,科尔托纳在罗马的柱列广场设计了一个基吉宫,但未能建成。它的正立面类似波罗米尼位于纳沃纳广场的圣阿涅塞教堂较低部分的设计,以及伯尼尼的第一个卢浮宫设计方案。然而,从粗面石底层升起的巨大柱式与一个大喷泉、人物和人工岩石结合起来,这种想法在70年之后被尼古拉·萨尔维(Nicola Salvi)在特雷维(Trevi)的喷泉中实现。科尔托纳的设计方案表明某种基本母题如何成为一般性"词汇"的一部分,例如,中心部分有一个反向运动的壁凹和粗面石基础上的巨大柱式。

波罗米尼对盛期巴洛克的词汇发展也作出了重要贡献。虽然他从未有这样机会去建造一座完整的世俗宫殿,但是,他的重建设计方

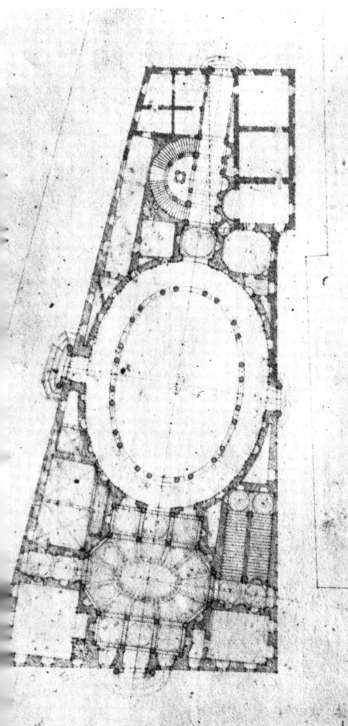

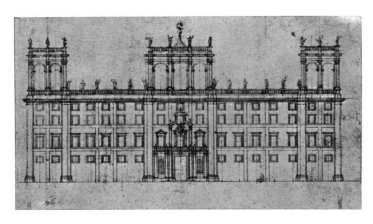

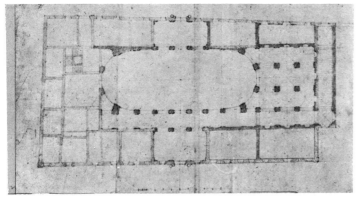

案以及他的教会宫殿给我们提供了有关他的意图的信息。

在 1635 年到 1650 年间,波罗米尼为重建罗马的卡尔佩尼亚宫准备了几个设计方案。[26]在最完善的方案中表现了一种非常有趣的空间构成。沿着一条纵向轴线贯穿整个宫殿,一系列单一的空间相互跟随,创造出一种宏伟的纵向运动。这条纵向轴线与一条横向轴线十字交叉,给整个宫殿以一种双轴线的组织。它的中心用一个大椭圆形内院作为标识。我们再次看到,波罗米尼如何以空间为起点达到一种解决方式,同时,这种解决方式与他同时代的空间相比更加统一,更具动态活力。几乎在同一时间,也就是 1645—1650 年,波罗米尼对吉罗拉莫·拉伊纳尔迪在纳沃纳广场建造的潘菲利宫(1650 年建成)做了若干研究。波罗米尼的平面再次表现为次要轴线上带有门厅的准椭圆形内院,它给宫殿提供了一种双轴线布局。他的立面集中在一个重点强调的凸出部分上,凸出部分的顶部是一个透明的高观景楼。垂直综合用四层巨大柱式完成。一般地,这个设计比当时任何其他设计都更加先进。然而,波罗米尼最重要的大结构是他的教会宫殿菲利皮尼小礼拜堂(1637 年)和普罗帕冈达·菲德参议院(1647—1664 年)。[27]我们已经讨论过菲利皮尼小礼拜堂清楚而系统化的组织,与波罗米尼在室内布局与室外连接中间创造对应的意图。普罗帕冈达·菲德宫殿与两侧现存结构形成的不规则地段,不允许采用一个规则平面设计,但是外部连接表明波罗米尼在建造小礼拜堂的过程中已逐渐走向成熟。事实上,普罗帕冈达·菲德宫殿是他最终成就的代表,也是巴洛克建筑史上的一项卓越的作品。大体块通过圆角获得了一个统一一体量。普罗帕冈达大道和卡波·勒卡萨大道之间的角部是造型连接的一个杰作。边界表明的连续性在角部周围被层拱重点加以强调,同时,每一面墙都用平坦的壁柱来定义。它比大多数例子更好地表明,连接意味着一种同时发生的分离与结合。朝向普罗帕冈达大道的主立面是一项特别的作品。巨大的壁柱统一了朴素的墙面。在中间和尽端部分,它们倾斜放置,仿佛系统在缓慢而不可抗拒的压力下发生变化。壁柱之间有大的造型壁龛突破。整个立面对压缩与扩张的研究,比这个时代其他作品更好地表达了墙面作为室外和室内力量交汇点的角色。窗框是多立克柱式,而且是超现实主义的多立克柱式,包括鲜花、花环和棕榈树枝。主要壁柱的柱头来自于三竖线花纹装饰和爱奥尼涡卷大托架上支撑一个檐口,代替了普通的檐部。这个立面尽管非常朴素,却表现出一种特异合成的特点。

一个类似的合成特点也出现在17世纪意大利宫殿建筑的顶峰作

图 217　瓜里诺·瓜里尼,都灵,卡里
　　　　尼亚诺宫,平面(豪普特提
　　　　供)
图 218　都灵,卡里尼亚诺宫,示意图

图 219　都灵,卡里尼亚诺宫,立面
图 220　都灵,卡里尼亚诺宫,立面

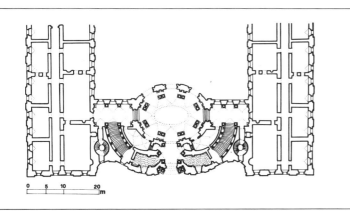

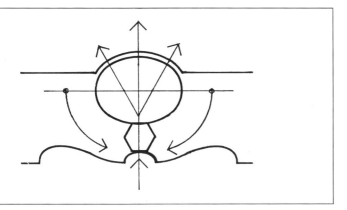

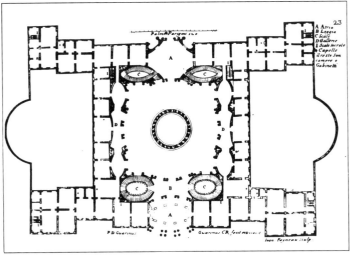

表——都灵瓜里尼的卡里尼亚诺宫(1679—1685 年)中。这座宫殿是作为卡里尼亚诺(Carignano)王子府而建造的,在 1860 年成为第一个意大利议会。瓜里尼的设计方案以一个"U"形为基础[28],但是,这个著名平面由于建筑中央部分的处理而获得了一种新的解释。在这里,我们发现了宏伟的椭圆形"大厅",它以一个没有穹顶的鼓座结束,宫殿两侧都有凸面突出。[29]因此,在底层部分,它起着门厅的作用,把所有的运动都集中在宫殿之内,同时,一个放射形三叉向庭院汇聚。在主要接待层,我们发现了宫殿的主要大厅,在高高的鼓座内部有一个切断的穹顶。在椭圆体量和主要立面之间,采用弯曲的楼梯跑来连接两个水平层。立面与室内空间形成互补关系,同时,形成一个连续的波动外壳。凸面中间部分的中心陷入其中,形成一个凸面的两层壁龛,这是一种来自波罗米尼的普罗帕冈达·菲德宫的主题变奏。它的连接以两个叠加的巨大柱式为基础;下面是超现实主义的多立克柱式,上面是一个同样自由的科林斯柱式。超现实主义的装饰在庭院立面上达到高潮,这个立面用星形排列的壁柱带连接。

一般来说,卡里尼亚诺宫具有真实的造型纪念性,同时,空间单元的相互依赖性是 17 世纪宫殿建筑中的一个卓越成就。

在另一个称为"法兰西宫"的设计方案中,瓜里尼把脉动并列原则运用在宫殿中,形成围绕内院的一个连续的起伏波动。遗憾的是,这种想法在大型世俗建筑中再也没有得到应用。[30]

二、法国大别墅与旅馆

17 世纪,法国大型居住建筑与意大利宫殿有完全不同的根源。它的旅馆不是以罗马的神殿(insula)为基础,而是以中世纪的原型为基础,这种原形是一个宽敞庭院周围分布的一系列单元。在乡村地区和一些大型城市住宅,例如在布尔－的雅克－克尔(Jacques-Coeur)住宅(1445—1451 年)中,我们找到了这种模式。它表现出某种趋向更规则布局的趋势,特别是主要大厅放置在入口对面,给庭院提供了一条轴线,同时,创造了一种在意大利府邸中不为人知的私密性。一般地,旅馆可能被视为"贵族城堡或封建国家住宅的城市转换"。[31]由于起源不同,意大利和法国宫殿相互倒置。在意大利宫殿中,建筑的主要部分面对公共世界,而内院是私密的。在法国的旅馆中,贵宾接待前院在前面的城市空间开口,而主体居住建筑(corps de logis)退后并且是私密的。因此表现出生活与社会结构的差异。意大利府邸的居民可能符合他们源自住宅的市民生活;他们参与,[32]但仍然保持个体

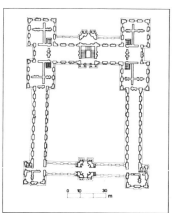

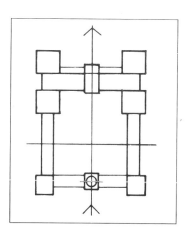

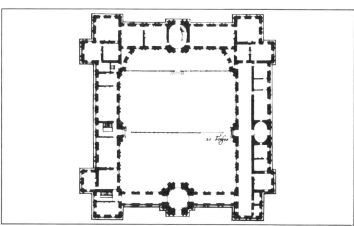

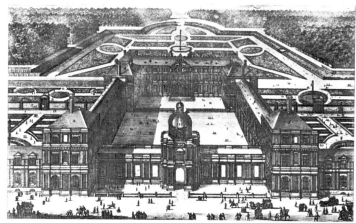

的可识别性,这种可识别性是用封闭的块状结构和中心化内院来象征。法国旅馆的居民不参与到市民的周围环境中,但是他们仍然服从于主导空间,他们的庭院在这个主导空间开口。并且成为一般"系统"的一部分。16 世纪,在文艺复兴观念的影响下,底层平面倾向于更明显的几何化。这种趋势在尚博尔大别墅(1519—1590 年)表现得非常明显。这里,一个中世纪城堡变得系统化,创造了一个有机体,其一般布局与 17 世纪的第一座宫殿卢森堡宫有惊人的相似之处。[33]然而,比尚博尔大别墅更具革命性的是比里大别墅(1511—1524 年),它有一个"U"形平面,中间包括主体居住建筑,两侧是次要功能。"U"形空间用一个矮墙封闭,内壁有拱廊,中间部分是大门。主体居住建筑用一个中央出口向花园开口,形成一条定义清楚的纵向轴线。

为了对"U"形平面作进一步说明,我们可以讨论维朗德瑞大别墅(1532 年),它有一个充分发展的贵宾接待前院,以及菲利贝尔·德洛尔姆(Philibert de l'Orme)设计的宏伟的阿内府邸(1547—1552 年),[34]这里,纵向轴线被纪念性入口和主体居住建筑中间的一个栏杆凸出部分强调,用不依靠支撑的多立克、爱奥尼和科林斯柱列叠合来连接。在巴黎他自己的住宅中,德洛尔姆将 U 形平面用在简单的居住住宅中。庭院用一个横向侧翼来封闭,侧翼在街道立面上有两层,立面中央有一个受到强调的大门。而主体居住建筑中心由小礼拜堂延续,小礼拜堂的半圆形壁龛向花园教堂凸出。[35]尽管有许多手法主义的特点,菲利贝尔·德洛尔姆仍然是法国古典建筑的发起人,在《建筑》一书中,他阐述了许多值得实施的想法,包括建筑中巨大柱式的运用。这种想法被让·比朗(Jean Bullant)在德库恩大别墅(约 1560 年)和巴蒂斯特·迪塞尔索(Baptiste du Cerceau)在巴黎的拉穆瓦尼翁旅馆的贵宾接待前院(1584 年)中采用,其手法主义的连接表现了其父雅克·安德鲁埃·迪塞尔索的创造。1665 年(原文如此,疑为 1565 年——译者注),老迪塞尔索设计的韦纳伊大别墅采用"U"形平面,并在周围屏风墙中间引入了一个圆形的穹顶门厅。

萨洛蒙·德布罗斯把所有这些想法统一成法国早期巴洛克建筑。在 17 世纪 20 年代,德布罗斯建造了三座宏伟的宫殿,古洛米埃大别墅(1613 年)、布莱里安柯特大别墅(1614—1619 年)和巴黎的卢森堡宫(1615—1624 年)。其中古洛米埃大别墅最为传统,有一个"U"形平面和一个单层屏风墙,宏伟的穹顶门厅封闭了第四个侧面[36],而"U"形部分有两层高,角部用三层亭子来标识。连接表现出明确的统一与综合的愿望,整个室外被连续的粗面石双壁柱系统所包围。主轴线通过

图 231　弗朗索瓦·芒萨尔,布洛伊斯
　　　　大别墅,奥尔良侧翼
图 232　弗朗索瓦·芒萨尔,迈松大别
　　　　墅,从入口看建筑(雕版画,
　　　　佩雷勒作)

图 233　迈松大别墅,从花园看建筑
　　　　(雕版画,佩雷勒作)

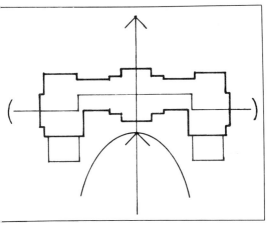

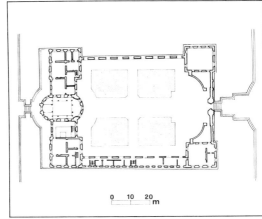

0 10 20
m

在门厅引入半柱柱列以及主体居住建筑凸出部分来加以强调,其中包含一个椭圆楼梯。庭院同样用双半柱柱列来连接。它有双轴线布局,而且,弯曲的墙面部分把侧翼和主体居住建筑结合起来。因此,古洛米埃大别墅是一种敏感的平衡构成,单独的体量被分离开了,同时,他们用连续的围墙面统一起来。庭院是变化的,增加了外部墙面系统的重要性,表达了一种逐渐增加的"开放性"。它的环绕墙与纵向轴线形成具有表现力的对比。布莱里安柯特大别墅没有任何侧翼,而是减为主体居住建筑。平面变成了 H 形,建筑作为一个整体与外部空间相互作用,它的作用方式可以与罗马的巴尔贝里尼宫进行比较。与意大利府邸不同的是,布莱里安柯特大别墅定义了方形角亭,带有宽大的屋顶和王冠形采光塔。然而,统一性是通过一种连续而变化的墙面连接而获得的,它使用了三种柱式的叠合。角亭划分成两个开间,以减少他们形式上的独立性,而三段式的中央墙面凸出部分通过弧形山墙加以强调。作为一个整体,布莱里安柯特大别墅是一个很有说服力的作品,它把巴洛克对空间和体量的感受与一种简单而精练的连接相结合,这种结合后来成为法国古典建筑的主要特色。

德布罗斯的第三个大别墅,也就是巴黎的卢森堡宫结合了古洛米埃大别墅和布莱里安柯特大别墅的平面特点。它为马里耶·德梅迪奇建造,1642 年变成奥尔良的加斯东府第("奥尔良宫")。[37]宫殿有一个主体居住建筑,有类似布莱里安柯特大别墅的角亭和类似古洛米埃大别墅的侧翼和穹顶门厅。连续的连接包括粗面石双壁柱,但是,引入柱列仅仅用于强调主入口。角亭在每一层包括一个完整的公寓套间,这种解决方式代表 17 世纪后期向功能化设计的公寓迈出了重要一步。[38]这个单元包括一个大房间、两个小房间和一个衣柜,这种组成已经成为一种标准配置。它引入了一种新的商品与私密性概念和一种分配房间的概念,比旧式公寓简单的纵向方式更加实际。然而,纵向方式对于巴洛克思想产生了强烈影响。因此,曼特农夫人这样谈论她的丈夫路易十四:"伴随他的只有庄严、壮丽、对称;因为它值得无限努力,去让所有这些草图不朽,只要他能把门安排成互相面对。"[39]德布罗斯最后的宫殿,是位于雷恩的为布列塔尼(Brittany)议会建造的司法宫(1618 年)。这项简单而先进的工作堪称法国古典主义第一个最成熟的作品。一个浅贵宾接待前院决定了立面的形状。侧翼划分成两个开间,并且被作为从属元素。他们比中央部分更具实体特征,中央部分由一行大拱窗户组成,位于双壁柱之间。主轴线用一对柱列来标识,柱列支撑一个带有圆形山墙的阁楼。柱式被一个封闭的粗面石

基础托起。这种连接显然是源自拉斐尔的维多尼宫,但是在雷恩,罗马宫殿失去了造型功能。取而代之的是,我们发现一个明快(crisp)和晶莹剔透(crystalline)的特点,它强调的是表面和体量而非造型和群体。它的一般形状与佩鲁齐的法尔内西纳别墅非常接近,虽然它有明显不同的根源。

德布罗斯的意图被弗朗索瓦·芒萨尔继承和完善。在他的第一个大别墅,也就是贝尔尼大别墅(1623 年)和巴勒鲁瓦大别墅(1626 年)中,布局方式进一步从传统庭院模型中分离出来,沿着横轴线散布了一系列亭子。然而,与此同时,主轴线用一个高的塔形墙面凸出部分来强调,就像在贝尔尼大别墅和古洛米埃大别墅那样,侧翼通过底层弯曲的墙面部分与主体居住建筑结合起来,而巴勒鲁瓦表现为墙面向中间部分渐进的台阶形。围绕纵向穿过建筑的主导轴线的同时出现的展开和集中,创造了一种典型的巴洛克式的紧张感,它与同时代罗马的巴尔贝里尼宫相比,虽然缺乏戏剧性,但是却更精妙。

在布洛伊斯大别墅的奥尔良侧翼中(1635—1638 年),芒萨尔引入了一个浅的贵宾接待前院,这里,侧翼再次通过弯曲的柱廊与主导的三段式中央凸出部分结合起来。[40]三层纤细双壁柱的叠合(多立克、爱奥尼、科林斯)与高窗户创造了一个非常优雅而敏感的室外。在三个作品中,芒萨尔阐明了 17 世纪基本的空间意图如何能与在形式上受到抑制的古典语言结合起来。布洛伊斯大别墅同样还包括这个世纪第一个真正宏伟的楼梯,被一系列叠加的空间所覆盖。因此,一条垂直轴线引入到这座宫殿扩展的有机体中。[41]迈松大别墅一般被认为是芒萨尔的杰作,而且事实上,我们在这里发现了所有以前的思想与新的模型和细节丰富性的合成。这座宫殿是 1642 年至 1646 年之间为勒内·德隆盖尔,也就是迈松会长建造的。[42]一般地迈松大别墅具有完整连接和完整综合的建筑特征,同时,不同体量在法国传统亭阁中有不同的根源,它们通过陡峭的屋顶和凸出部分清楚地定义出来。因此,侧翼具有某种独立性,看上去是主体居住建筑的双臂。然而,他们借助占主导地位的轴线对称和一个最有效的连续墙面连接,以一种令人信服的方法统一起来。事实上,很少有其他建筑比迈松大别墅更具单一特点,这同样也是因为平面大致的双轴线组织造成的。我们能将平面解释为有规则的双轴线方案,这个方案已经发生了转变,并且与外部"力"也就是入口庭院和花园不同的空间领域相互作用。在花园一侧,侧翼只是形成一个轻微的墙面凸出部分,而在另一侧,它们创造了一个浅贵宾接待前院。这个庭院由附加的椭圆单层门厅加深,门厅

图 238　意大利宫殿和法国宫殿布局
　　　　的示意图

图 239　路易·勒沃,沃－勒－维孔特
　　　　大别墅,示意图
图 240　路易·勒沃,沃－勒－维孔特
　　　　大别墅,立面

图 241—242　路易·勒沃,沃－勒－
　　　　　　维孔特大别墅,外观

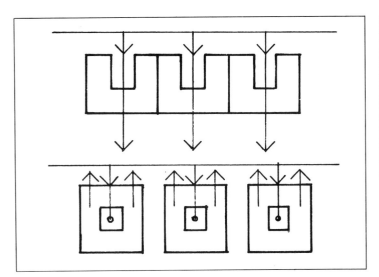

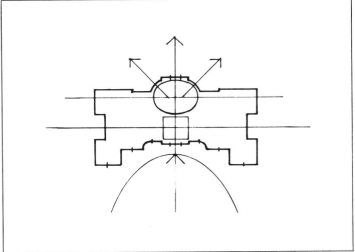

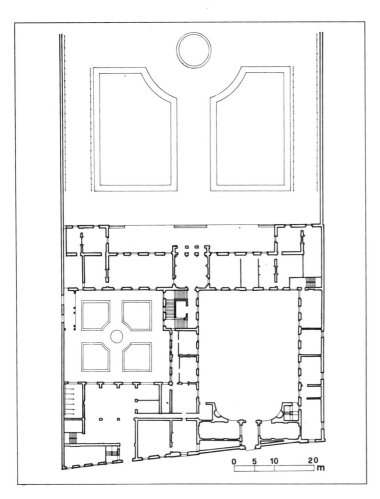

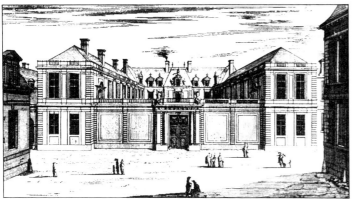

通过一个强大而连续的多立克檐部综合在整个有机体中。横向轴线在室外通过双向凸出的三角形山墙来标识。这样,轴线同时被定义和块化了。主轴线用"加倍"的凸出来强调,而中央部分升高至三层,重复德布罗斯三层柱式叠合的主题。很难指出建筑的离心与向心运动、水平性与垂直性,或者我们可以说"古典式"与"哥特式"特征已经找到一种更令人信服的动态均衡。在一般布局中,固有的紧张感在壁柱的韵律中得到回应,这些韵律表现连续的压缩与扩张,给角部和接合点提供内容,并且给两者之间的空间提供开放性。然而模型并没有罗马巴洛克建筑的造型表达。尽管有固有的活力,它的特点仍然是明快和受抑制的、精确和清澈透明的。虽然连接构件表现了原始多立克和爱奥尼合成的特色,双轴线门厅重复着这个一般形式。侧面放置的楼梯有很强的垂直性,结束于切口穹顶。凭借迈松大别墅,弗朗索瓦·芒萨尔表明自己已经是 17 世纪最强有力的个性之一。

几乎在迈松大别墅建造的同时,路易·勒沃为雅克·博尔迪耶,即财政总监建造了雷纳西大别墅(1645 年)。[43]雷纳西大别墅以传统的"U"形平面为基础,同时,庭院用一个纪念性大门与角亭来围合。而主体居住建筑清楚地定义为一个统一的体量,重复了迈松大别墅一般的双轴线布局。由于增加了一个前院,侧翼并没有形成真正的贵宾接待前院,与花园侧面相比,他们仅仅稍微多伸出了一些。新奇之处主要在于一个准椭圆大厅被用来定义纵向轴线,它在建筑两侧明显突出。侧翼由巨大的壁柱来连接,给它们提供了某种刻度,与主体居住建筑的水平划分形成对比。平坦的线性粗面石和连续的多立克檐部跨越在底层之上,把宫殿的所有部分束缚在一起。它的一般特点比芒萨尔的作品简单,同时定义很好的初级体量和占主导地位的母题,例如巨大柱式的使用,都与伯尼尼风格具有某种密切关系。[44]

在雷纳西大别墅建成之后十二年,勒沃有机会进一步发展这种想法,也就是为财政总监尼古拉·富凯建造沃-勒-维孔特大别墅(1657—1661 年)。[45]沃-勒-维孔特大别墅无疑是勒沃的杰作,同时也是宫殿史上最重要的作品之一。它由三个单元组成:宫殿放置在一个"岛"上,四周被护城河围绕,入口两侧有两个基础-庭院位于主轴线侧面。形成了一种强大的纵深运动,它在建筑的另一侧继续,由勒诺特雷宏伟的花园的无限透视来定义。一些横轴线的引入用以表明一种普遍的"开放性"扩展。宫殿成了这个空间的焦点,是一个受到传统(原始功能)护城河母题和位于构图正中的穹顶强调的角色。如果我们把布局作为一个整体看待,宫殿岛形成了一个大的墙面凸出部

图 245 巴黎,德拉弗里埃尔旅馆,
　　　　平面(布兰特提供)
图 246 弗朗索瓦·芒萨尔,巴黎,迪
　　　　雅尔旅馆,平面(布兰特提
　　　　供)

分,它从人性世界的入口和基础－庭院伸向自然。这个母题在宫殿中以一种较小的尺度重复出现,而圆形的穹顶体量形成了一个位于两个"世界"之间的内在交接点。因此,宫殿在贵宾接待前院接纳访问者,引导他通过象征性的中心,最后把他释放到无限的空间中。这个伟大的想法不是一个新发明,而是 17 世纪世俗建筑基本意图的一种特别令人信服的合成。与迈松大别墅一样,宫殿可以具有作为有机体的特征,这个有机体同时被连接与合成,但它们使用的手段不同。因为人们期待在雷纳西大别墅之后,勒沃主要在体量之间关系上做工作。在沃－勒－维孔特,构图已经变得更加复杂。如果我们从建筑中心看,这一点非常明显,它并非由单一的统一体量组成,面对庭院和花园的两个侧面不同,以适应"接纳"(三段式大门和门厅)、"居住"(中心化的盛大客厅)和"扩展"(放射形的轴线和弯曲的墙面凸出)的功能。盛大的客厅建造在横向椭圆之上,给强大的纵向运动创造一个必要的对位,同时,它表明了与宫殿侧翼之间一种活跃的空间关系。引入封闭的穹顶作为卓越的象征元素是一个勇敢的发明,它可能对于国王的狂热产生了作用。侧翼在传统的角亭结束,而角亭已经失去它们的独立性,与宫殿的主体相互渗透。它们在朝向庭院的方向转变成平的正立面,这些立面引出了一系列面,呈台阶状朝入口方向。所有这些平面都是双向,它们当中最后一个是凹面,以强调三段式入口。这样,体量形成了连续墙面运动的一部分,同时被陡峭的屋顶定义成这样。花园侧面的连接更简单,单一的单元很少从正立面的一般连续性中解放出来。如同在雷纳西大别墅一样,角亭被巨大的壁柱强化。一般地,沃－勒－维孔特大别墅是空间构成的杰作。勒沃缺乏像芒萨尔那样对于墙面连接和细部的敏感性,但是,他处理空间和体量关系的能力使他成为最巴洛克的法国建筑师。

　　沃－勒－维孔特大别墅对平面的实际布局来说也非常重要。在传统上,宫殿的房间仅仅是彼此相通,形成纵向或者单廊。我们已经看到,意大利人为了摆脱这一点采用了一条横向走廊,进而创造一种半双廊。只有在角部,空间才能以一种更实际的方法安排,如同在卢森堡宫中一样。然而,在沃－勒－维孔特大别墅,整个主体居住建筑已经加倍了,这种解决方法之所以成为可能,是因为在盛大的客厅前面引入了一个门厅。[46]因此形成了双廊,这是一种革新,它对于随后的发展具有本质的重要性。[47]在与次要楼梯和其他房间过道的结合中,加倍的主体居住建筑允许采用一种实际的房间布局方式,给每一座公寓提供私密性。它的基本意图是获得方便而又不放弃表现。这种愿

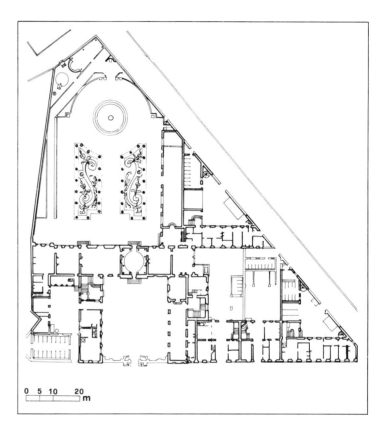

0 5 10 20 m

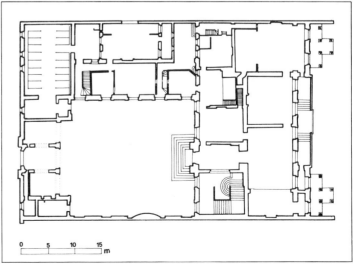

0 5 10 15 m

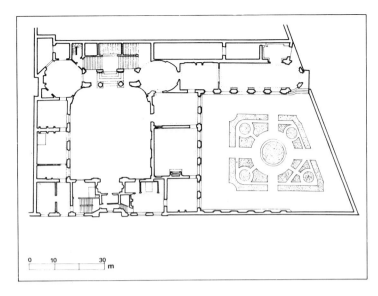

望与妇女在法国社会中的重要角色紧密联系在一起。事实上,正是同斯屈代里小姐(Scudéry Mademoiselle)经常与她并不总是统一的建筑师和解,她说:"确实,恰恰是那些非常宏伟的房屋通常是极端不舒服!建筑师对于事物的外部幻想太多,因为,他们希望受到外国人的称赞,他们很少考虑,这些美丽的地方如何可以使拥有它们的人感到更舒适。"[48]对于方便的要求,不仅是要求各种各样的房间有更实际的进出通道,而且要求空间有不同的使用功能。基本元素是用于等待和用餐的候见厅,在入口和私人领域之间形成一种"分隔物",起居室(chambre de parade)用于接待和娱乐,这里通常提供一张床,因为住宅主人和主妇经常在他们的卧室接待客人,卧室通常用于睡觉和接待,柜橱用于工作和事务接待,最后有穿衣和存放衣服的衣柜,这里也是女仆或随从睡觉的地方,"对于仆人,除了房间之外,只有在起居住处接待才能够从家庭生活中分离开来。"[49]除了起居室之外,更大的房屋通常有一个客厅或一个走廊。餐厅同样作为一个专门房间而出现。[50]因此,底层被划分成许多相对较小的单元。房屋可能失去富丽堂皇,但它获得了魅力和惊奇。"如果没有这些场所、屏风、门和秘密楼梯,那么,当代的喜剧将在什么地方?同时,数不清的惊讶、托词、滑稽场景,如果不是因为这样一个事实,也就是对于舒适生活空间的愿望,已经划分了家庭生活直至最小的细节,那么,它们将出现在哪里?"[51]

我们已经指出,大别墅和城市旅馆代表相同的基本类型。然而,由于不同的状况,旅馆发展出某些特殊的特点。通常,旅馆之间紧挨着,因此只有两个立面。结果,平面常常比自由分布的大别墅更狭窄。在贵宾接待前院之前,不可能有一个单独的基础-庭院,因此发展出彼此邻近的两个庭院,这种安排在德布罗斯和勒梅西埃设计的里安科特旅馆(Bouillon,1613—1623 年)中已经出现过。因此,贵宾接待前院的主轴线不再与花园的主轴线一致,因此,空间关系中出现了某种混乱的结果。[52]在里安科特旅馆,入口轴线盲目地结束了。而通向主体居住建筑的入口在庭院的左角。它开口在楼梯上,在花园正立面中心与门厅连接。庭院用一个简单的古典墙面连接,多立克柱式壁柱支撑在粗面石底层上。立面看上去像一个有伸出侧翼和中央墙面凸出部分的纪念性大别墅正立面一样。它的传统连接是以水平线和垂直线形成的网络为基础,而不是以古典构件为基础。[53]

苏利旅馆庭院的连接方式更加过时,由让·杜塞尔索(Jean du Cerceau)建造(1624—1629 年)。深而窄的建筑地段已经决定了需要采用一个简单的轴线布局方式。更有趣的是同一个建筑师设计的布

图 250　路易·勒沃,巴黎,利奥纳旅
馆,立面(雕版画,马罗作)
图 251　巴黎,利奥纳旅馆,平面

勒托维勒斯旅馆,建于 1637 年至 1643 年间,位于新开发的圣路易岛东边角上。[54]我们再次看到,由于增加了一个小的基础-庭院,主轴线被替换了。然而,这种替换非常弱,庭院轴线结束于左边庭院正立面的三段式中央墙面凸出部分的开口,因此,中央开间被封闭了,而右侧的开口朝向主要客厅,以获得了一个对称立面。庭院以一种全新而有趣的方法表达出来,由于横向侧翼在建筑上与主体居住建筑分开,主体居住建筑自身有两个短侧翼,形成了一个内部贵宾接待前院。这种布局明显是源自大别墅的角亭,并且指向 18 世纪的自由式旅馆。[55]对体量结果的巴洛克强调也决定了立面的统一特点,这个立面有非同寻常的大窗户,沿着花园的北侧面一般增加一个长廊,以防护邻近建筑。

　　1635 年,弗朗索瓦·芒萨尔接受了第一项委托,为巴黎的一幢私人建筑德拉弗里埃尔旅馆做设计。[56]他采用了一般的布局方式,庭院周围有三个侧翼,用墙面来围合。像布勒托维勒斯旅馆一样,它的左侧增加了一个基础-庭院,给主轴线以类似的替换。我们同样发现,庭院的侧墙上有一段类似的间断,把主体居住建筑从侧翼中分离出来。然而,这种连接远比同时代杜塞尔索的作品更加精妙。因此,芒萨尔通过一个宽大的墙面凸出部分着重强调主轴线。这个墙面凸出部分有一个比双侧侧翼稍高的屋顶,这种解决方式还被他用在一个大尺度的布洛伊斯大别墅上。墙面凸出部分定义了一个壮丽的穹顶门厅。墙面处理表明芒萨尔对比例和细节的感觉,这使得德拉弗里埃尔旅馆成为这个世纪上半叶一个古典城镇-宫殿。1648 年芒萨尔开始建造迪雅尔旅馆。[57]这种布局再次表现了有特色的主轴线替换。其结果,芒萨尔取消了通向花园的中央门,在横墙面凸出部分开辟了两个出口作为替换。迪雅尔旅馆也许是第一个主体居住建筑加倍后的宫殿。双廊使一个直接联系门厅的楼梯成为可能,这个楼梯位于空旷的花园沙龙背后,主体居住建筑又一次从侧翼分离出来,这一次是通过打断屋顶来实现,而墙的连接是连续的。

　　勒沃设计的第一个重要的城市-宫殿是坦博尼乌旅馆(1639年),它由两层主体居住建筑组成,增加了一层侧翼。[58]让·马罗的雕刻表现了一种非常简洁的墙面连接,与透明的中央墙面凸出部分形成对比。两层柱列在山墙和一个断裂的屋顶下面重叠,增加了建筑的大体量特点。事实上,勒沃似乎被视为芒萨尔屋顶(双重斜坡四边形屋顶)的发明者,陡峭的哥特式斜坡屋顶被打断,以便更好地利用体量。打断的屋顶成为晚期巴洛克建筑的一大特点,给建筑一种感官上的可塑性。[59]坦博尼乌旅馆的花园立面有一个爱奥尼的巨大柱式壁柱。因

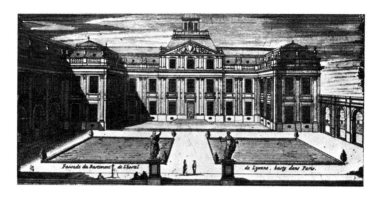

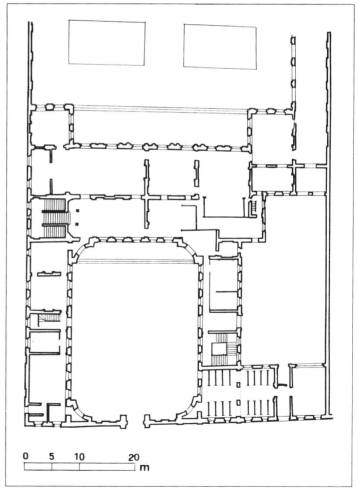

图 252—253　路易·勒沃,凡尔赛宫,
　　　　　　庭院

图 254　朱尔·阿杜安－芒萨尔,凡尔赛宫,玻璃陈列廊
图 255　路易·勒沃,凡尔赛宫,平面

此,勒沃适应了花园所代表的无限扩展,同时,庭院划分成具有人性尺度的楼层。[60]坦博尼乌旅馆的平面并没有保存下来,但是马罗的鸟瞰图表明,主体居住建筑有一定的进深,它可能建成为一个双廊。

勒沃幸存下来的最重要的城市－宫殿是朗贝尔旅馆(1640—1644年),建于圣路易岛,位于邻近布勒托维勒斯旅馆的一个类似的地段上。朗贝尔旅馆表现了将标准平面对特殊情况的创造性适应。由于这个复杂的综合体是从长侧面进入,所以,勒沃无法采用一条纵向轴线。因此,庭院轴线以一个宏伟的楼梯结束,在这里,它横越一条横轴线,通过一个椭圆门厅和一个宏伟的长拱导向风景。在建筑的长廊和右侧侧翼之间加入了一个花园。狭窄的地段不允许建造一个双廊,但是房屋的主要层安排在一个更具创造性的底层之上,它仍然允许庭院一角出入马车。庭院集中在楼梯开放的体量上,楼梯屏风墙通过一个圆角与墙面结合。一个连续的多立克檐部围绕整个空间。实际上,法国建筑在其他任何地方都没有像这里一样接近波罗米尼的思想观念。墙面连接表现了两种柱式的叠合,而花园立面上有巨大的壁柱。[61]在这些壁柱之间,墙面通过"法国窗"——即落地窗——完全打开,这是勒沃的另一个创造性发明。在利奥纳旅馆(1661年),勒沃得以将他的所有想法集中在一起,创造一个真正纪念性的城市宫殿。[62]它的平面展示了一条替换的轴线,因为它在邻近主要庭院处引入了一个基础－庭院。主体居住建筑是两层楼加一个阁楼,侧翼只有两层高。庭院借助于凹面角部和连续的檐部来合并空间。它由两个叠合柱式加一个阁楼组成,同时主轴线用一个三角形山墙强调。两层花园立面通过主体居住建筑巨大的双壁柱(位于中央墙面凸出部分的半柱列)和侧翼上的单个柱列来连接。平面呈不规则的"H"形,中间部分有一个双廊,它包含了第一个宏伟的分成三段的楼梯,这种楼梯被巴尔塔扎·诺伊曼(Balthasar Neumann)成功地用在了维茨堡和布吕尔。简单的体量关系与清晰的连接赋予利奥纳旅馆一种令人信服的建筑质量。它无疑是这个时期的主要作品。

在沃－勒－维孔特大别墅取得成功之后,勒沃受委托为路易十四重建凡尔赛宫(1664年)重建凡尔赛宫。他受命保存1624年为路易十三建造的旧狩猎山林小屋,1669年,他决定把旧的大别墅包围在一个新建筑中,并且让原有的庭院暴露出来。[63]结果形成了一个很大的方形块,与两个侧翼连接起来,形成一个很深的贵宾接待前院。平面是旧建筑两侧的长纵条和它们之间的一个平台。因此,花园立面包括两个突出的侧翼和一个连续的粗面石底层上的深壁凹。房屋的主要

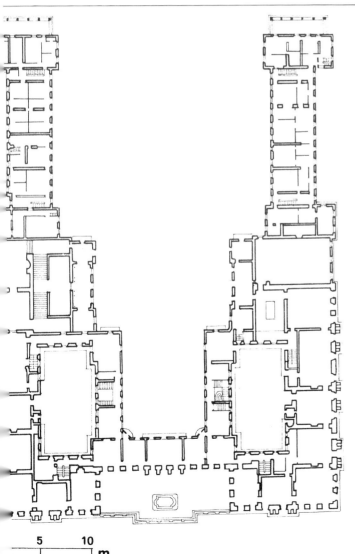

5　　10
m

167

层通过爱奥尼壁柱和柱子支撑的高檐部和阁楼来连接。一个与众不同的特点是它采用了一个平"意大利"屋顶,这种解决方式一般理解为对伯尼尼卢浮宫设计方案的响应。勒沃的侧翼今天仍然存在,但是,它们之间的平台是由朱尔·阿杜安－芒萨尔的玻璃陈列廊(Galerie de Glaces)于1678年替换的,因此,立面有一种非常单调枯燥的特点。当阿杜安－芒萨尔加建长向横侧翼时,单调的千篇一律得到了更多的强调,在超过400m的整个长度上重复相同的墙面系统。它对于把凡尔赛作为一个比例匀称的完全体量造成了不公平的判断。这里,这种扩展是主题,因此建筑变成了一个简单重复的系统。系统由一个透明骨架组成,壁柱与整体之间的空隙被大拱窗填充。[64]凡尔赛因此有玻璃房的特点,并且代表哥特时期的透明结构与19世纪伟大的钢铁与玻璃建筑之间的连接环节。它的扩展是"不确定"的,另一个特点预示了某种现代观念。这样,勒沃的完整块变成了一个大的凸出部分,它主动伸向景观。从这个文脉看,平屋顶也变得充满意义。把凡尔赛解释为纯粹扩展的表达,解决了建筑魅力和观赏者之间经常存在的矛盾,以及基于"学院原则"的建筑评论带来的负面评价。尽管它缺乏传统的建筑品质,凡尔赛把巴洛克时代的基本意图具体化了,这种意图特别地与绝对君主政体连接在一起,因此这里应该比任何其他地方表现得更强烈。事实上,整个宏伟的布局以君主的基座为最核心的焦点。凡尔赛是17世纪法国绝对而"开放"系统的一个真实象征。

在1678年制定宏伟的凡尔赛设计方案之前,朱尔·阿杜安－芒萨尔已经建造了一些小宫殿,在这些小宫殿中,他独具特色的方法已经表现得相当明显。小迪瓦尔大别墅(1674年)是一个单层建筑,中间有一个"国王打猎归来用餐处"客厅,一侧是一个小公寓,另一侧是四个不同形状的"描绘四季中的一个季节"的房间。拉长而狭窄的建筑通过一系列法国式的拱形窗户完全向周围打开。当皮埃尔大别墅(1675年)有一个更传统的布局,但是,除了一个中央墙面凸出部分之外,连接主要是由无数统一开口重复组成。因此,建筑扩展具有不确定性,但由一个大体量的芒萨尔屋顶保持统一。更具特色的是克拉格尼大别墅(1676年),它是为德蒙特庞夫人建造的。[65]它的平面表现了一系列长而窄的侧翼形成的一种布局方式,也预示了凡尔赛的解决方式。在伸出的重复有机体中,一个带有穹顶的盛大客厅引入了一个十分有效的焦点。我们可以说,如果阿杜安－芒萨尔是从零开始的话,那么,克拉格尼大别墅在小尺度上预示了后来的凡尔赛将会是怎样。1679年,他建造了马利大别墅,即国王的娱乐场所。[66]一个中心化

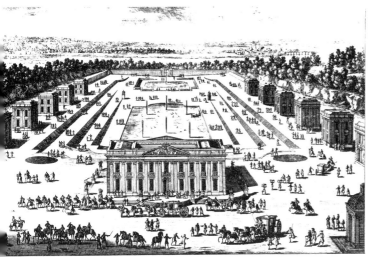

图258 朱尔·阿杜安－芒萨尔，马
　　　利大别墅（同时期的雕版
　　　画）
图259 朱尔·阿杜安－芒萨尔，凡
　　　尔赛，大特里亚农宫（佩雷
　　　勒雕版画）

的亭子形成了一个焦点，并且决定了受重点强调的主轴线。"扩展"由
朝臣的两排横向小亭子完成，它形成了不确定连续的一种连续节奏。
所有建筑都以一种类似的重复的壁柱系统为基础。阿杜安－芒萨尔
的想法在凡尔赛花园（1687年）中的大特里亚农宫达到顶点。它由一
个狭长的单层侧翼、统一的壁柱和柱列系统支撑一个直檐部组成。连
续的节奏受到法国式拱形窗户的强调，同时平屋顶有助于形成一种无
限扩展的结果。我们可以得出这样的结论，朱尔·阿杜安－芒萨尔所
有的世俗作品都是基于相同的形式原则，把巴洛克空间的基本方面具
体化。[67]为了达到他的目标，阿杜安－芒萨尔不得不把元素减少到最
精华部分，例如，他的连接建立在简单的古典构件基础上。他的开放
有机体与瓜里尼的不同。他们不是存在于空间"单元"的重复中，而是
由统一的结构系统构成。他常常被看作是一个古典主义者，虽然他的
一般方案与完整的"完美"形式的古典思想没有任何共同之处。阿杜
安－芒萨尔的作品并不是古典的，却与20世纪"开放的"不确定的有
机体思想非常接近，同时他们说明巴洛克是如何在许多方面预示出后
来的现代建筑。

三、结论

巴洛克宫殿的本质"内容"是沿着一条纵向轴线的连续运动。这
种运动把人类生活的三个基本"层面"——市民的世界、私人"场所"
和无限的自然——积极地统一起来。意大利宫殿和法国宫殿的普遍
性在于通过重点强调对称和形式来突出主轴线。建筑空间和它的环
境与这条轴线息息相关。

最重要的设计问题是从一个空间领域到另一个空间领域的过渡。
在意大利，巴洛克宫殿保持了它封闭的块形形式。因此，从城市环境
到"室内"的过渡成为一个戏剧性事件，剥夺了墙面的传统特征，使之
成为一个分离的元素。意大利墙面倾向于把它的从属组成部分集中
在主轴线周围，或者形成一个内弯，作为室外和室内力量交会的结果。
从建筑到花园（景观）的过渡不太激烈，这是由于自然被构想为居住的
一个延伸，而不是一个不同的领域。因此，只要有可能，内院都尽量打
开了，更规则的室内空间布局是试图满足一般的对称布局。法国宫殿
从来没有这种封闭特征，从一开始，它就是一个"扩展的"有机体。17
世纪早期的宫殿仍然具有"加法"的特点。

在大约五十年时间里，存在一种形式集中和统一的过程，以朱尔·
阿杜安－芒萨尔统一－重复的结构为结束，一种新类型的普遍开放扩展

图 260—262　凡尔赛,大特里亚农宫

成为可能。因此,法国的墙面倾向于成为一个透明的骨架,允许室内和室外空间的融合。在意大利建筑中,用来强调开口拟人化特点的造型框架和山墙被放弃了,代之以同样高度的围绕门、窗、室内嵌板、装饰和镜子的拱系统。事实上,法国式窗户对于法国宫殿的采光与夏季气候特征有决定性作用。法国宫殿是发展舒适生活新概念的最初场景。在两个国家,连接以古典柱式的使用为基础,目的是为了取得一种形式上的区别和一致,也是为了与欧洲人文主义的伟大传统作品相结合。[68]

第五章　巴洛克建筑的传播

导言

到此为止,我们已经讨论了巴洛克时代的主要建筑任务。但是,我们仍然需要对每一个国家和它们的建筑师的贡献作一个一般性回顾。在以前的章节中,我们强调了各种表现形式的普遍基础。首先是一般的系统精神,其次是作为起点的最主要的建筑任务。我们同样也已经定义了一般的格式化原则,这些原则是从普遍的存在主义基础得来的结果,其中包括集中与扩展,这些可能是根据具体(有形)空间关系在不同的"层面"上进行研究。然而,普遍的基础是以多种不同的方式根据生活的各种各样的环境和形式进行解释。事实上,我们已经指出,17世纪可以概括为具有伟大的多样性。这些差异是由于各种各样的因素造成的。

在理论上,我们能够区分五种环境决定性因素:物理、个人、社会、文化和历史。显然,这些因素是相互依赖的,但是,在一定程度上可以分开进行研究。[1]物理因素可以描述为气候、地形学、资源等等,并且确定那些通常称为"区域特征"的东西,也就是建筑材料、位置、规模和开口以及屋顶形状的典型运用。个人因素来自于需要和态度的差异,并且确定被称为"个人风格"的东西,业主和建筑师在这种联系中相互关联。社会因素可以涉及社会差异,或者对于某个特殊的群体成员来说普遍的生活方式。他们决定"周围环境"更一般的特征,例如分离或者共同,而且也是形式的差异,这种差异表达了一种特殊的社会角色。文化的因素存在于思想观念和价值观念中,并且决定一种"意义",这种"意义"通过形式语言或者"风格"表现出来,所有这些因素显然是在当时的维度中操作,因此是历史的。历史因素是特别的,我们指的是一定的艺术影响,或者超艺术的事件,他们的开始、加速或者阻碍随着人类环境的变化而发生重要变化。17世纪,根据环境的变化,所有这些因素都对建筑发展做出了贡献。在一个政治上集权的国家,例如法国,区域变化非常小,而意大利则是充分体现了本地表现模型特点。然而,不论什么国家,文化因素具有根本的重要性。

一、意大利

16世纪末期,意大利建筑的发展逐渐集中在罗马。这个过程背后的主要推动力是宗教改革运动,它带来了观念和艺术潜力的集中。其结果是进化出一种充满活力的罗马巴洛克建筑,它的影响扩展到整个天主教世界的势力范围,甚至超出了这个范围。虽然罗马的巴洛克建筑的主要作品出现在1630年之后,但是,许多基本意图在较早的时

候已经非常明显。一般地,它的目标在于创造一种环境,这种环境有一种更强大的感情和令人信服的影响,使每一个单体建筑看上去是对一般系统有价值的表达。因此,我们已经看到,教堂和宫殿之所以开始与它们的城市环境相互作用,主要是因为引入了一条纵向轴线,这条轴线"打开"了传统自足的建筑形式。建筑内部布局也成为主轴线的功能。然而,教堂构成了这种有意义的系统的主要焦点,它同样需要一条占主导地位的垂直轴线,围绕这条轴线组织空间扩展。

这些一般意图在贾科莫·德拉波尔塔(1533—1602年)的作品中已经非常明显。德拉波尔塔常常被视为二流建筑师。这可能是因为他常常是完成其他人的作品,或者把他自己的建筑留给他的继任者完成。然而,我们证明他有一种真正的创造性力量,对巴洛克教堂和宫殿的发展做出了十分重要的贡献。[2]对目标和意义的决定性澄清,是卡洛·马代尔诺(1556—1629年)的设计作品所具有的特征。马代尔诺的声望在某种程度上由于圣彼得教堂立面的不幸命运而破坏了。然而,一般地,他的作品的细部具有一种令人信服的力量和微妙之处。这在他设计的罗马圣苏珊娜教堂(1597—1603年)中特别明显,它通常被视为第一个完全成熟的巴洛克建筑。在这里,德拉波尔塔的一般意图得到了发展,朝向增加造型可塑性的方向发展,其目的在于加强对中央轴线的强调。这样,我们发现了朝向立面中心部分的从壁柱到半柱、四分之三柱、完全柱的发展。在他的世俗作品,例如马太宫和巴尔贝里尼宫中,马代尔诺借助具有创造性的全新的空间布局来解决相应的问题。"到马代尔诺去世时,他已经把罗马建筑引向了一条全新的道路。他权威地拒绝了轻而易举的学院派手法主义,在罗马,手法主义属于他的第一印象,而且,虽然不像波罗米尼那样具有革命性,他留给后人这种坚固的、严肃的和本体的、主要由米开朗琪罗主导的纪念性作品。因此,他赢得了与之对立的伟大的伯尼尼与波罗米尼同样的尊重。"[3]

然而,一般地,早期巴洛克建筑概括为针对建筑形式问题的一种相对表面的方法。为了让想要的令人信服的印象成为现实,连接的元素以复杂的方法增加和结合,因此经常导致出现某种过载的结果。一个典型的例子是马丁诺·隆吉(Martino Longhi)在罗马的圣温琴佐与阿纳斯塔西奥教堂立面(1644年),在这里,一个朝向立面中间的无法超越的压缩通过三重柱列和互锁壁龛来完成,壁龛逐渐向前以强调中央轴线。[4]从"早期巴洛克"到"盛期巴洛克"的过渡以对问题的更深突破来加以标识。也就是,空间综合和令人信服的表达的目标是通过基

本形式的转换而不是运用装饰来满足的。马代尔诺开始了这项研究，但是决定性的结果出现在伯尼尼、波罗米尼和科尔托纳的作品中。

新的方法在詹洛伦佐·伯尼尼（1598—1680 年）的第一个建筑作品圣彼得教堂祭坛上的华盖中已经非常明显。四个扭转的青铜柱列重复了早期基督教柱列的形状，这在旧圣彼得教堂的凉棚中已经使用过。然而，他们达到一种巨大的尺度，"象征性地表达了早期基督教的简洁到宗教改革运动教堂的壮丽，它意味着基督教徒对异教徒的胜利。"[5]扭转的形状同样解决了一个重要的形式问题。直立的柱列看起来像巨型壁柱的缩小版本一样，构成了教堂的主要柱式，并且没有给它的焦点圣彼得坟墓提供必要的强调。扭转的柱列代表普通"柱列"的动态而强调的变化，同时，华盖试图主导周围的盛大空间，并成为这个空间的中心。在柱列之上，巨大的 S 形卷涡升起支撑金色球体之上的十字。我们有理由相信卷涡是波罗米尼设计的，他在当时是伯尼尼的助手。在任何情况下，祭坛上的华盖可以被视为"明显的巴洛克建筑"（il manifesto dell'architettura barocca）。[6]它丰富而令人信服的形式来自于基本成分的转换，而非来自装饰的增加，同时，结果非常简单，通过造型的连续性来综合整个特点。祭坛上的华盖均等地代表了伯尼尼与波罗米尼相对极的分离点。在伯尼尼后来的设计中，它产生了极其简单而强大的影响，而且具有动态与合成的特点，这是波罗米尼作品的标志。

上面已经讨论了这两个建筑师的一些更重要的建筑作品，但是我们还应该提及一些重要的成就。在伯尼尼的作品中，梵蒂冈宫殿的主要台阶（1663—1666 年）有一个杰出的场所，虽然可供使用的狭窄空间几乎不允许建造一个纪念性楼梯，但是，通过创造性的透视和照明的技巧，伯尼尼修正了空间的真实尺寸。汇聚的墙面提供了一种比实际深度更深的印象，因为伯尼尼在前面使用了一排柱列，这排柱列的汇聚不像墙面那样强烈。[7]事实上，伯尼尼的作品是以一种现象的客观化为目的，这种现象超越了可测量的、"真正的"情形特征。他让我们参与到情形中，这种情形似乎是天然和自显的，但是它有一种重要的非理性内容。从建筑上说，客观化是通过使用明显而简单的体量，以及有规则的综合连接来实现的。

另一方面，在弗朗切斯科·波罗米尼（1599—1667 年）的作品中，非理性的、"合成"的内容通过相应的复杂形体表达出来。因此，波罗米尼借助空间和造型的连续性来克服复杂性，进而把不同种类的元素统一成一个合成的整体，代表一种新的精神与存在的特点。这在两个

至今未被提及的作品中特别明显：这两个作品是未完成的圣安德烈·德勒·弗拉泰（1653 年）教堂的钟楼和穹顶，以及圣吉罗拉莫布施教堂（1662 年）的斯帕达祭坛。在圣安德烈·德勒·弗拉泰教堂，波罗米尼把传统的静态和封闭的鼓座变成动态的放射形有机体。中间的凸起开间表示内部空间的扩展运动，并且与外部空间相互作用，以创造一种强大的辐射对角轴。通过增加一个独立的钟楼，波罗米尼实现了一个城市焦点，这个城市焦点依据我们的位置发生变化，而没有失去它的识别性。[8] 因此，圣安德烈·德勒·弗拉泰的穹顶与钟楼代表一种不同寻常的巴洛克焦点，它参与到一种空间关系的扩展"领域"，斯帕达祭坛比任何其他作品更好地说明了波罗米尼如何让空间成为建筑的主角。它并没有把注意力集中在神坛造型上，而是以连续的镶嵌大理石装饰来遮挡墙面，以此将造型性降低到最小。这种装饰并不是"应用"而是构成了空间，这种空间极端简单，同时又高度非理性。因此，波罗米尼以某种"客观化"为目标，而伯尼尼通过它在一个更简单的理性空间中的表现，使得超自然成为真实。波罗米尼把非理性的超自然空间赋予结构，这样，它变得可以想像，并且在人的存在空间中合并起来。

　　波罗米尼的想法有一些追随者。一些建筑师可以采用他的形式方法，而无须理解他的作品的革命性内容。典型的有乔万尼·安东尼奥·德罗西（1616—1695 年），他比任何人更早使用波罗米尼式的连接方法。他的杰作非常均衡，形式上与达斯特－波拿巴宫（1658—1665 年）结合，而角部的解决方式和窗户的山墙明显源自波罗米尼。一个更加原始而真正有创造性的波罗米尼跟随者是瓜里诺·瓜里尼（1624 年～1683 年），他继续了波罗米尼的研究，进入了新合成"特点"的创造，研究在建筑中把空间作为组成元素的可能性。瓜里尼的连接和装饰是高度个性化的，它的内容不论多么深刻，都很少可以直接理解。作为一个典型的例子，我们可以讨论都灵的代诺比利参议院（1679 年）复杂的细部。因此，他的作品的外表很少有跟随者。然而，正如我们已看见的，他对空间的处理开创了新的基本可能性。基本上，瓜里尼将他的复杂而高度非理性的内容通过一种有独创性而理性的空间扩展系统来具体化。因此，像伯尼尼和波罗米尼一样，他的基本目标是一种非理性的客观化，但是马代尔诺、伯尼尼和波罗米尼是罗马巴洛克建筑的代表，而瓜里尼的作品不属于任何特殊的场所或地区。尽管有他的个人风格，瓜里尼还是表现了宗教改革运动教堂的普遍性。

图 268　罗马,圣安德烈·德勒弗拉泰
　　　　　教堂,鼓座细部

图 269　罗马,圣安德烈·德勒弗拉
泰教堂,钟楼

罗马的巴洛克建筑总是通过所有的个人变化保持一种有特色的识别性。作为罗马特色的基本特征,我们可以讨论对群体和造型的强调。它即使是在波罗米尼的作品中也被表现出来,由于他的波动墙应该理解为内部与外部力量戏剧性地相互作用的抽象表达,它构成了罗马的造型和动态活力。在卡洛·拉伊纳尔迪(1611—1691年)的作品中,同样的目标非常明显,但是,尽管很有创造性,拉伊纳尔迪并没有达到一种真正的巴洛克对群体、空间以及表面的合成。[9]它的主要连接方式是柱列,这些柱列被带有修辞色彩地"运用"在早期巴洛克手法中,而非一种造型的综合。然而,一种真正的造型综合是彼得罗·达·科尔托纳(1596—1669年)作品的特点。科尔托纳并没有把空间单元或墙面膜作为他的起点,而是由一系列连续的造型元素组成,其密度变化构成了一种空间,这种空间看上去不同寻常地存在着。这在他的第一个建筑萨凯蒂别墅(1625—1630年)[10]中已经非常明显,一种复杂的空间相互作用,预示他后来的作品是用一排排的壁柱和柱列组成,创造一种丰富的、振动的光影变化。一般地,萨凯蒂别墅在群体和空间之间有一种独特的具有说服力的均衡,这在他最后的杰作科西嘉的圣卡洛教堂(1668-1672年)的穹顶中仍然是真实的。在这里,鼓座由一束强壮有力的柱列和壁柱组成,这些柱列和壁柱支撑一个强烈突出的檐部和一个造型连接的阁楼。强壮的肋骨把穹顶变成了一个活跃的动态有机体。因此,科尔托纳可以视为巴洛克古典的、拟人化建筑的代表,它使传统的"客观"特点参与到一种相互作用和转换的过程中来。[11]

尽管罗马在 17 世纪意大利建筑中的中心作用非常重要,但是,同样还是出现了一些有效的区域风格。我们已经讨论了弗朗切斯科·马里亚·里基诺(1584—1658年)的重要贡献,他延续了佩莱格里诺·蒂巴尔迪(Pellegrino Tibaldi)和洛伦佐·比纳戈的米兰地方传统。在都灵,我们发现一个极为丰富的皮埃蒙特建筑中心,它由阿斯卡尼奥·维托齐(1539—1619年)开创,并且由卡洛·迪·卡斯泰拉蒙特(1560—1641年)和阿梅代奥·迪·卡斯泰拉蒙特(1610—1683年)继承。皮埃蒙特的巴洛克建筑的第一阶段把来自罗马和巴黎的影响统一起来,单个建筑有一个不会弄错的"意大利"特点,城市环境打上了法国理性主义的烙印。

威尼斯有一个明确的本地特点,这里,传统的独特风格(picturesque)和装饰方法被巴尔达萨雷·隆盖纳(Baldassare Longhena)(1598—1682年)赋予了巴洛克解释。他的佩萨罗宫(1663年)表现了

群体与空间、光与影的丰富而有控制的相互影响，并且有一种真实的
巴洛克造型，尽管有某种传统的成分。意大利南部的巴洛克建筑主要
出现在18世纪。然而，我们应该谈到那不勒斯的科西莫·凡扎戈
（Cosimo Fanzago，1591—1678年），巴洛克是一种多功能但缺乏真正
创造性的才能。在世纪末，罗马建筑受到平庸的、古典头脑的卡洛·丰
塔纳（1638—1714年）主导。一般地说，意大利17世纪建筑是由教堂
决定的，教堂是居于主导地位的建筑任务。惟有都灵除外，这里的环
境没有一种系统而有组织的水平延伸。它受教堂的垂直轴控制，它与
城市环境——即"社会"——的相互作用，以一种"动态的"和令人信服
的造型形式表达出来。

二、法国

　　在法国，集中的过程比在意大利更为强大。某种区域活动一直存
在，直到马萨林去世（1661年）为止，但是，从世纪初开始的一种艺术
潜力已经集中在巴黎。因此，17世纪的法国建筑有明确的特征和发
展。其推动力是绝对君主政体神圣权利思想，其结果是一种新类型的
政府建筑。[12]它统一了因果与超越的标杆。我们已经分析了空间的概
念，它把这些意图具体化，并且也指出区域和哥特式传统如何被新建
筑所吸收，一般地，它使用一种从意大利进口的形式语言。[13]主导建筑
类型是宫殿，它形成了一个无限扩展空间的焦点。扩展预示组成成分
有某种一致性，事实上，17世纪的法国建筑并不表现出对有特色的当
代意大利建筑的造型模型的强调。因此，它常常被认为有较少的"巴
洛克"而有较多的"传统"。然而，这样一种评价判断来自于正在谈论
的范畴的一个表面定义。如果表示一个存在空间的某种具体化而非
特殊的形式化特点时，"巴洛克建筑"才成为一个有用的概念。

　　典型的法国方法在萨洛蒙·德布罗斯（1571—1626年）的作品中
已经非常明显。他设计的巴黎圣热尔韦教堂（1616年）[14]立面，表现了
对三种古典柱式的"正确"叠合。无论是垂直还是水平方向，构图都以
一种规则重复为基础，虽然立面作为一个整体，对建筑的纵向轴线作
出了强调。一种类似的解决方式也被德布罗斯和他的追随者在世俗
建筑中加以利用：例如，我们可以记起弗朗索瓦·芒萨尔的迈松大别墅
的中央凸出部分。[15]他的母题把古典建筑、哥特式垂直主义以及巴洛
克运动的基本教规统一在纵深方向简单的基本规则中，并因此成为
17世纪法国建筑的象征。德布罗斯的世俗作品仍然表现出显著的手
法主义特点，例如粗面石和柱式互锁，但是手法主义典型的紧张感和

图 272 彼得罗·达·科尔托纳，罗马，
　　　　萨凯蒂别墅（同时期的雕版
　　　　画）

图 273 彼得罗·达·科尔托纳，罗马，
　　　　圣卡洛·阿尔·科尔索教堂，
　　　　室外，半圆形壁龛和穹顶

图 274 巴尔达萨雷·隆盖纳，威尼
　　　　斯，佩萨罗宫

图 275 卡洛·丰塔纳，罗马，圣马尔
　　　　切洛·阿尔科尔索教堂，立
　　　　面

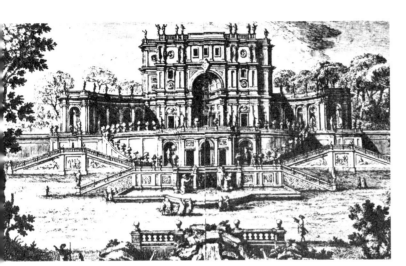

矛盾被有规律的扩展节奏所替代。因此,德布罗斯定义了这个世纪的基本目标与手段。

弗朗索瓦·芒萨尔(1598—1666年)与伯尼尼、波罗米尼和科尔托纳同属一代人,并且在使建筑成为一个表达时代内容的灵活而精妙的工具中,发挥了类似的作用。他的作品概括为伟大的创造性力量,而且通过一种克制,使基本特点更加明显。虽然他的连接具有非凡的创造性。一种对柱式的"正确"使用创造了一般的古典特征。因此,芒萨尔设法通过使用一种理性的、众所周知的造型词汇,使巴洛克建筑中固有的动态与非理性变化客观化。历史上,极少有建筑师获得了类似的一般与特殊、客观与个性之间的均衡。在巴黎米尼梅斯教堂(1657年)的立面中,芒萨尔的能力表现得非常清楚。[16]强调纵向轴线的问题,同时使建筑成为建筑前面街道的组成部分,这个问题通过使用一种方法得到了解决,这种方法让我们想起波罗米尼在纳沃纳广场的圣阿涅塞教堂。然而,在连续的墙面系统之内,芒萨尔对每一个体量给出了清晰的定义,就像他在贝尔尼大别墅(1624年)所做的那样。垂直和水平方向的扩展因此结合起来,形成一个非常均衡的整体。教堂入口之上的穹顶也终止了孚日广场的轴线,获得了建筑与城市环境之间高度创造性的综合。

在路易·勒沃(1612—1670年)的作品中,我们发现了对类型问题的一种不同的解决途径。如果我们把米尼梅斯教堂与勒沃1600年设计建造的第四国民学院(法兰西学院)作一个比较,这种区别就昭然若揭。在两种情况之下,穹顶都标识着城市轴线的终结,而伸出的侧翼形成了一种横向扩展。然而,在勒沃的建筑中,芒萨尔精妙的紧张局势被巴洛克华丽的修辞所取代,这种修辞是以凸面和凹面体量,以及巨大和标准柱式的对比为基础的。一般的连续性通过开口始终如一的重复而得到保持。[17]尽管他的兴趣在于宏伟的关系,勒沃对方便而实际的居住建筑的发展做出了十分重要的贡献。他表现出解决功能平面的特殊能力,并且看上去似乎"敏感地充分适宜资助人的要求,而由于他的固执与傲慢态度,芒萨尔丢失了许多委托。"[18]然而,卢浮宫的问题远远超出了勒沃的才能。

上面已经讨论了伯尼尼的介入和由此产生的影响,但是,我们还应该对最后的解决方式说几句。卢浮宫的东立面通常被认为是法国古典建筑的顶峰。在一个封闭的底层上,托起了一行壮丽的双柱。典型的法国式重复扩展用微妙的变化来连接。

墙面分成五段,各段具有不同的特征。角部通过墙与柱式的统一定义为一个实体的亭子。因此,柱列变成了壁柱,同时,只有"开放的"中心用双壁柱和双柱来标识。角部和中央墙面凸出部分之间的长墙是透明的柱廊,使我们想起了罗马神庙和哥特式"透明"结构。在中央的墙面凸出部分,群体与骨架结构结合起来,创造一种活跃而受抑制的室内与室外相互作用的表达。柱式和变异的辩证关系很少能以一种更精巧的方法表现出来。那么,谁是这种宏伟设计的创造者?它的一般布局明显可以追溯到1664年勒沃的设计方案,而且事实上,五段墙面的特征与他的其他建筑的典型布局相符合,在他的作品中,我们也发现了双柱式(利奥纳旅馆,1662年)。在最后的解决方式(1667—1668年)中,简单的古典庄严性已经证明应当归功于他的学生与合作者——弗朗索瓦·多尔贝(1631—1697年)。[19]

多尔贝给法国建筑指出了一种更古典的方向,勒沃的学生安托万·勒波特雷(Antoine Le Pautre,1621—1691年)发展了他作品中的巴洛克方面。勒波特雷建成的作品不多,但是他在巴黎的博韦旅馆(1654—1656年)中表现出处理困难建筑用地的非凡才能。从庭院入口到庭院的过渡被横墙强调,用巨大的柱式来连接,汇聚在很远处的一个壁龛上。与此同时,空间被连续的、强烈突出的檐口所界定,事实上,在法国17世纪的建筑中,其他空间都没有类似的造型和动态活力。勒波特雷的作品中,最著名的是一个大别墅的方案设计,出现在他的《建筑作品》(les Oeuvres d'Architecture,出版于1652年)一书中。[20]它的一般布局方式源自卢森堡宫,这个宫殿带有一个角公寓和一个中央门厅,同时,墙面连接符合勒沃通常使用的平面,在侧翼上有一个宏伟的柱式。然而,造型和空间系统化的愿望超过了以前的任何构想。盛大的圆形门厅是"没有穹顶的鼓座",定义一个放射形方向系统的中心,其中主轴线特别重要。沿着横向轴线或者通过一系列变化的空间上升到一层楼面,对房间过道的使用有相当的进步,但是,作为一个整体,平面具有一种理论特点。整个复杂的双轴线有机体用一个连续的檐部统一起来。我们可以假定伯尼尼知道勒波特雷的著作,而且,大别墅的设计影响了他的第一个卢浮宫设计方案。

17世纪的最后十年,法国建筑由朱尔·阿杜安-芒萨尔(1646—1708年)主导。他通常被视为有些呆板单调和缺乏创建的建筑师;我们已经表明,他统一的扩展结构是深思熟虑的意图的结果,同时,我们也已经指出了他解决较为特殊问题的能力,例如在胜利广场或因瓦尔德斯大教堂。"他完美地服务于时代的需要,在此倾注巨大的才能:对于庄严的超乎寻常的判断力和指导一组工人的伟大技巧,以及在必要

图 276　萨洛蒙·德布罗斯,巴黎,圣
　　　　热尔韦教堂,立面
图 277　弗朗索瓦·芒萨尔,巴黎,米
　　　　尼梅斯教堂(雕版画,马罗
　　　　作)

时对建筑师职业严格的实践的全面掌握。"[21]他的清晰而确定的风格在凡尔赛礼拜堂(1689—1710年)中表现得特别明显。礼拜堂必须由两层组成,底层供朝臣和公众使用,上层供国王使用,并且与国王的公寓直接相通。阿杜安-芒萨尔解决问题的方式,让人想起卢浮宫的立面,不仅仅是因为设计的清晰性,而且同样也是因为厚重的基础与"透明的"主要楼层之间的关系。那么,国王充满自信地站在追随者之上,这种内容被"哥特式"的空间比例所强调。在卢浮宫立面和凡尔赛礼拜堂,法国古典建筑达到了顶峰。这两项作品为法国17世纪的理性和先验的系统化思想提供了完美的具体化。

　　17世纪上半叶,法国的教会建筑仍然有一种创造性冲动,正如在弗朗索瓦·芒萨尔的作品中表现的那样,空间不仅是作为一个抽象的扩展,而且也是按意大利的方式作为一种具体化的现象来体验。由于政府建筑逐渐控制局面,宫殿被用来主导建筑活动,而教堂被抛到背后。穹顶趋于消失,同时,理想的形式是一个中立的大厅,不再充当空间的基本核心。[22]空间的抽象特征得到了强调,特别是特殊的比例问题,同时,建筑倾向于遵循自然和因果规则,而不是跟随想像和个体环境。这种方法由学院派的领导人物弗朗索瓦·布隆代尔(François Blondel,1617—1686年)变成法典,他试图建立一套规则,具有绝对的有效性。在他1675年出版的《建筑讲义》(Cours d'Architecture)中,他说:"……比例在建筑中决定什么是美丽和文雅,同时,它必须借助于数学变成一个经常性的稳定原则。"幸好,布隆代尔的原则从来没有得到真正充分的运用,但是它开创了一种"学院派"方法,这种方法一直延用到20世纪。

三、西班牙

　　腓力二世统治下的16世纪,西班牙经历了皇权的巅峰。腓力三世统治下的1598年至1621年间,皇权逐渐从兴盛走向衰落。国家受到军事和经济崩溃的威胁,同时,不幸的西班牙世界在塞万提斯的《堂吉诃德》(1605年)中得到了表达。因此,这种状况不欢迎真正巴洛克建筑的发展。腓力二世宏伟的埃尔埃斯科里亚尔城(El Escorial)意图被放弃了,同时,西班牙建筑降低到了次要地位。[23]

　　1562年,埃尔埃斯科里亚尔城由胡安·包蒂斯塔·德托莱多(Juan Bautista de Toledo)规划设计,并且主要由胡安·德·埃雷拉(1530—1597年)于1572年至1584年之间建成。它代表了一种伟大的建筑类型合成,由于它是为腓力在庭院中提供一个宫殿、他退休的修道院、

图 278　路易·勒沃,巴黎,第四国民
　　　　学院(法兰西学院)
图 279　巴黎,学院(法兰西学院),
　　　　透视图(雕版画,佩雷勒作)

一个宏伟的教堂和一个坟墓,因此,它象征着西班牙政府建筑特定的特征。对称的大长方形有许多先例,可以追溯到位于斯普利特的戴克里先宫殿,同时,它在中欧成为 18 世纪伟大的模型。1585 年,埃雷拉为巴利亚多利德大教堂设计了一个有趣的双轴线布局,对纵深运动和中心化都给予强调。这种观念有一些确定的追随者,例如墨西哥城大教堂和位于萨拉戈萨(Saragossa)有趣的皮拉尔教堂(1680 年)。然而,埃雷拉的继任者胡安·戈麦斯·德莫拉(Juan Gómez de Mora,1580—1648 年),在 1617 年设计萨拉曼卡的杰苏伊特·克莱雷西亚教堂时,返回到一个更传统的方案。它追随耶稣教堂的布局,没有罗马教堂丰富的节奏和空间的统一。更有趣的是马德里大教堂,即圣伊西德罗教堂,1629 年之后由弗朗切斯科·包蒂斯塔(Francisco Bautista,1594—1678 年)建造。这里,教堂中厅表现为开间的宽窄变化,这种母题在教堂袖廊的终点重复出现。连接具有新的丰富性,使墙面越来越成为一种连续的表面装饰。这种想法也许来自摩尔式建筑的灵感,并且开创了西班牙巴洛克建筑的一种重要发展。纵向教堂的发展在位于格拉纳达的圣玛丽亚·玛格达莱娜教堂达到顶峰,这座教堂由胡安·路易·奥尔特加(Juan Luís Ortega,1628—1677 年)设计,建于 1677 年之后。这里,双轴线的教堂中厅与一个占主导地位的高穹顶结合起来,这种解决方式与同时代的罗马教堂有关。在西班牙的中心化结构中,我们可以讨论位于巴伦西亚的德桑帕拉多斯教堂,由迭戈·马丁内斯·蓬斯·德乌拉纳(Diego Martínez Ponce de Urrana)设计,建于 1652—1667 年。纵向椭圆内切于一个长方形,它预示着 18 世纪典型的加倍空间的界定。空间以神龛,也就是一个位于神坛上的空间结束,用于展示圣礼。[24]一般来说,17 世纪的西班牙建筑越来越朝装饰的道路发展,代表巴洛克令人信服的主题变奏。因此,自然而然地,它在美国传教建筑中达到高潮。即使是外国文明中未受过教育的人们也能够"理解"充满活力的装饰、颜色和图像。因此,我们发现一种典型的"巴洛克"偏爱,但是,单个建筑不代表任何对建筑历史的重要贡献。

四、英国

直到 17 世纪初叶,英国建筑仍然保持自己的生活方式。尽管在伊丽莎白女王统治期间,与欧洲大陆有一般性的文化接触,但建筑仍然是孤立的。在 17 世纪 20 年代,这种状况突然改变,这主要归功于建筑师伊尼戈·琼斯(Inigo Jones,1573—1652 年)的重要贡献。琼斯在 1597年和1603年之间曾经访问威尼斯,并且,在1613年至161

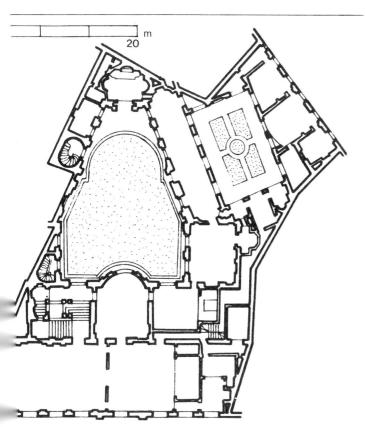

年，他再一次到意大利逗留了一年半时间。1609年，他也参观了巴黎。因此，琼斯的形式在罗马和法国巴洛克真正发展之前已经出现了，并且从那时候开始，他在帕拉第奥的理论方法与作品中找到了灵感源泉，帕拉第奥总是以一种或另一种方式出现在英国建筑中。重要的是，帕拉第奥是惟一创造了一种没有巴洛克华丽的修饰词藻的完整建筑系统的建筑师。它把多功能性和自我克制结合起来，极好地适应了英国社会和英国精神的特点。事实上，在17世纪的英国，我们看到的既不是占统治地位的教堂，也不是一种绝对的君主政体。相当程度上，宗教和贵族在一个更复杂的整体中以各种因素出现，这同样也包括中产阶级市民、商人和自由思想家。然而，多元论的结果，并没有阻止英国拥有自己强大的"系统"。虽然，这个国家经历了内战，国王被斩首，我们仍然可以谈到比其他欧洲国家更民主的社会。伊尼戈·琼斯为朝廷建造，但是他的"帕拉第奥"风格使得对相应的"民主"建筑的要求变得明显。他的目标是创造中立的普遍性建筑。"琼斯清楚地看到了某些事情，比意大利和法国同时代的人更清楚，这些人有极度丰富和更加复杂的背景。他发现，古代遗迹在五种柱式和它们特定形式的空间安排中，提供了一种永恒有效性的语言。他的语言不是革命精神，但这是他的例子的力量，维持了两代人的折衷实验和巴洛克冒险，它表现了在一个新的时代中，一种新的启蒙途径。"[25]

证明琼斯方法的第一项作品是格林威治的女王宫（1616—1635年）。最初的建筑包括两个侧翼，首层由桥连接。共同形成一个广场。入口侧翼轻微突出的中心表现了一个宏伟的立方大厅，大厅一直到二层。首层是粗面石，原来有更小的窗户。较高的主要接待层有简单的爱奥尼特征，在花园侧面的凉廊中特别明显。平屋顶对于形成意大利风格印象发挥了重要作用。然而，高窗和水平拉长的体块源自北欧，并且创造了一种紧张感，这种紧张感也包括对主轴线的强调。[26]1617年，琼斯为一个新的星形房间做设计，在一个粗面石基础上使用巨大柱式。内部用两层半柱列连接，类似罗马的长方形基督教堂（巴西利卡）。相同的主题出现在宴会住宅（Banqueting House，1619—1622年）中，更具纪念性，它是琼斯保留下来的最重要的作品。双轴线的两层室内空间下面用爱奥尼半柱连接，上面是混合壁柱，并且用悬臂长廊来围合。最初，一个教堂半圆形壁龛给空间提供了方向性，它有加倍立方的静态比例。室内柱式与室外美观的细部相关。然而，在这里，我们发现两层类似的处理方式。成对的壁柱标识出角部，同时中间的三个开间通过柱列来强调。协调的连接出现在粗面石表面上，一种手

图 283　巴黎,博韦旅馆,庭院

图 284　凡尔赛宫,礼拜堂,室内
图 285　安托万·勒波特雷,大别墅方
　　　　案,轴测图(勒波特雷提供)
图 286　巴黎,圣丹尼斯门(雕版画,
　　　　佩雷勒作)

法主义的母题已经失去了任何发生冲突的意义。一般地,宴会住宅似乎是对立和解与爱好和平的民主合作的理想象征。一个类似的特点在林肯的因·费尔德(Lincoln's Inn Field,1638—1640 年)的林赛宅中被发现,它可能由琼斯设计,一个巨大的柱式由下面粗面石首层支托。琼斯为女修道院花园(Covent Garden,1631 年)所做的设计在伦敦引入了广场的思想。空间用拱廊来统一,并且以圣保罗教堂为中心,圣保罗教堂是作为一个托斯卡神庙来设计的。"它是一个特别的表演,一个考古学上的尝试。……一个新古典主义理论和实践的预言……"[27],白厅宫(1638 年)这个宏伟的项目成为琼斯的代表作,但是它的建设由于内战(1642—1649 年)而停止了。这个设计表现为一个大长方形,有些地方似乎重复了埃尔埃斯科里亚尔城的布局,在规模上超过前者两倍。琼斯的草图表现的连接没有从单调枯燥的巨大中转移,作为一种英国价值的漫画而出现。"如果查理一世能够活着把它建成的话,新的白厅宫将会是一个坟墓,为血迹斑斑的革命装配大幕,它必然非常有助于毁灭。"[28]

　　17 世纪的英国建筑被内战划分成两个明显的阶段。伊尼戈·琼斯是第一阶段的主导,而克里斯托弗·雷恩(Christopher Wren,1632—1723 年)是第二阶段的主角。雷恩开始是一个天文学家与数学家,在 1662 年皇家学会成立时成为其中的成员,作为一个建筑师,他应当视为一个有学问的业余艺术爱好者,因为他在英国之外接受的惟一教育是 1665 年的巴黎之行,在那里,他遇见了伯尼尼。在一封信中,他写道:"我在忙于考察巴黎和周围乡村的大多数受到尊重的建筑。在一段时间卢浮宫是我每天的目的地,不少于一千只手在不停地从事这项作品的建造……阿贝·查理先生(Mons. Abbé Charles)介绍我与伯尼尼相识,伯尼尼向我展示了卢浮宫的设计……伯尼尼的卢浮宫设计深深地感动了我……"[29]在经过一些简短的尝试之后,雷恩的黄金机遇在 1666 年 9 月的伦敦大火之后来到了。在短短几天时间里,超过 13000 幢房屋和 87 座教堂被大火焚毁,其中包括伟大的圣保罗大教堂。大约 20 万人无家可归。此后不久,雷恩给国王查理二世呈上了新城市的建设计划。它的解决方式是采用广场与放射街道组成的巴洛克系统,以皇家交易所(Royal Exchange)为主要焦点。新的圣保罗大教堂位于一些街道之间的一个显著位置,这些街道从西部的拉德盖特通向伦敦塔和交易所。许多次要街道以教区教堂为中心。

　　然而,这个伟大的平面并未能实施,原因是它获得的用地所有权太小。因此,雷恩转而受委任重建大教堂和城市教堂。他总共建造了

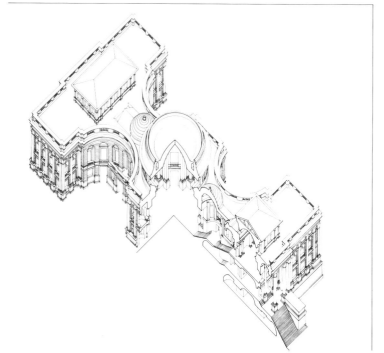

LVDOVICO MAGNO.

图 287 胡安·包蒂斯塔·德托莱多，
　　　 胡安·德埃雷拉，马德里，埃
　　　 尔埃斯科里亚尔城
图 288 胡安·戈麦斯·德莫拉，萨拉
　　　 曼卡，杰苏伊特·克莱雷西亚
　　　 教堂和大教堂
图 289 弗朗切斯科·包蒂斯塔，马德
　　　 里，圣伊西德罗教堂，室内

图290 胡安·路易·奥尔特加,格拉
纳达,圣玛丽亚·玛格达莱娜
教堂,平面
图291 迭戈·马丁内斯·蓬斯·德乌
拉纳,巴伦西亚,德桑帕拉多
斯教堂,平面

51座教堂,多数是在1670年或此后不久设计的,但实际上只有少数
一些是真正由雷恩亲自详细设计的。它们通常采用长方形平面,并且
表现出对传统长方形基督教堂(巴西利卡)方案的弱化,形成一个有或
没有侧廊的大厅。对尖塔给予了特殊关注,它应该"以很好的比例位
于相邻的住宅之上……可能对城镇带来足够的装饰。"[30]它们表现了
雷恩伟大的创造性力量,把古典、哥特式和巴洛克特点结合成一个高
度有效的城市焦点。但是,它们同样阐明了某种折衷主义方法,而且
好像是汇编而不是组合。在所有的城市教堂中,圣斯蒂芬·沃尔布鲁
克教堂(1672—1687年)代表一种重要而且高度原创的成就。一个规
律细分的长方形,上面放置了一个穹顶,坐落在八个由柱子支撑的拱
上。其中的四个拱也表现出一个拉丁十字。结果是一种纵向、中心
化、交叉形十字平面简单的创造性合成,一种"介于加尔文主义的朴素
和巴洛克罗马的庄严宏伟之间的英国圣公会妥协的建筑等价物。"[31]

　　在设计新的圣保罗大教堂时,雷恩以一种类似的合成为目标,只
是规模上大得多。1673年,他以一个大模型展示了他的设计方案。
中心化的主要空间显然源自米开朗琪罗的圣彼得大教堂,但是对角线
上较小的穹顶空间开口朝向主要中心。因此,形成了一种"巴洛克"希
望的空间综合。但是,米开朗琪罗的平面是向心的围合,而雷恩通过
凹面的外墙使空间组与周围环境相互作用。带有穹顶的门厅和古典
门廊引入了一条纵向轴线。外部连接同样源自圣彼得大教堂,也是主
建筑与穹顶之间的一般关系。遗憾的是,牧师没有发现这个宏伟的项
目"足以成为大教堂-时尚"。因此,雷恩不得不重新制定这个设计方
案。最后的解决方式(1675年)是一个相当笨拙的纵向长方形基督教
堂(巴西利卡)与穹顶中心的结合。两个平面不能形成任何令人信服
的整体;最不幸的是对角轴的解决方式,这里,来自圣斯蒂芬·沃尔布
鲁克教堂的统一拱环叠合在一个与之无关的结构上面。室外连接同
样比大模型弱,因为它巨大的柱式被替换成了两层小壁柱。因此得到
了某种单调枯燥和小器的特点。[32]由于引入了柱列,同时通过一种巴
洛克的解释,教堂塔楼与中央部分很好地合并起来,因此其立面用腰
槽连接。然而,垂直方向上的设计分开了,因为教堂塔楼顶上是一种
彻底"外国式"的松散波罗米尼式特征的上部构造。另一方面,穹顶具
有规律性,使之成为英国建筑理想的一种相当平庸的表达。它的"外
部影响在英国人(甚至是一些外国人)的评价中,从来就不是平等
的"。[33]除了他的教会作品之外,雷恩也设计了一些大型公共建筑。在
切尔西的皇家医院(1682—1689年)也引入了宏伟的U形巴洛克布

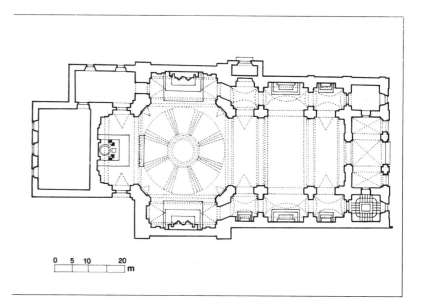

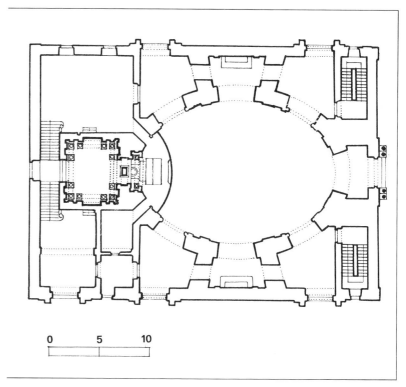

图 292—293　伊尼戈·琼斯,格林威
治,女王宫
图 294　克里斯托弗·雷恩,伦敦平
面

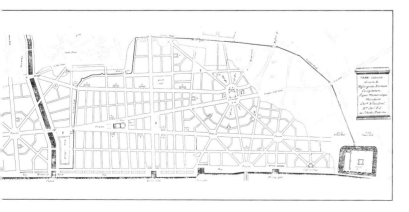

局,但是连接仍然采用伊尼戈·琼斯简单的古典主义方式。1683 年,雷恩为温切斯特宫设计了一个平面,类似于凡尔赛,而且,在汉普顿花园(1689 年),他把一种近似帕拉第奥特征的简单的重复连接,运用在一个巨大而扩展的有机体上。最有趣的是他为格林威治的皇家海军医院(1695 年)所做的设计,在一个初步设计方案之后,雷恩找到了一种解决方式,这种解决方式是伊尼戈·琼斯在女王宫中用来终止轴线的方式,这条轴线由位于柱廊之间宽阔的"大道",以及一个朝向泰晤士河开口的庭院来定义。两个空间之间的过渡由小礼拜堂和大厅上面的高穹顶来标识。这个设计是巴洛克主题的一种华丽变体,并且显示了一种成熟的群体与空间的关系处理手法。通过整体上使用双柱来获得强烈的统一感,即使是穹顶,也与阿杜安-芒萨尔的因瓦尔德斯大教堂有密切关系。格林威治的这座皇家海军医院由范布勒(Vanbrugh)和霍克斯摩尔(Hawksmoor)完成,但它的总体布局是雷恩的,并且应当视为雷恩最成功的作品。

17 世纪后半叶,还有其他两个活跃的建筑师值得一提,因为他们对英国世俗建筑的发展作出了决定性贡献。罗格·普拉特(Roger Pratt,1620—1684 年)在法国度过了英国内战的战争年代,并且把双廊和贵宾接待前院引入到英国。在设计科尔斯希尔住宅(1650 年)时[34],他把一个宏伟的楼梯和一个大会客厅对称安排在主轴线后面,同时,在皮卡迪利的克拉伦登住宅(1664—1667 年)中,他把法国的 U 形布局与一种简单的"帕拉第奥式"连接相结合,创造出一种类型,这种类型被到处模仿。休·迈(Hugh May,1622—1684 年)在共和政体期间呆在荷兰,并且给英国带来了荷兰古典主义。他惟一幸存的建筑是位于伦敦的埃尔特姆山林小屋(1663—1664 年),它重复了科尔斯希尔住宅的"双倍"平面,但是三个中央开间被巨大的壁柱框定,是追随雅各布·范坎彭和彼得·波斯特的例子。

五、荷兰

17 世纪,荷兰是欧洲最繁荣的国家。1579 年,七个联合省建立起来之后,贸易和工业日益繁荣,同时,城市的重要性和人口迅速增长。荷兰是这样一个城市国家,它的城市具有从政府相对分离的特征。即使是在 1579 年之后,我们也没有发现一个绝对的君主,但是,相当军事化的领导者没有任何真正的平民权利或者文化重要性。因此,这种条件并不允许任何真正的巴洛克建筑发展。中产阶级市民阶层更喜欢一种加尔文主义更温和的形式,它带来了一种普遍的简单口味。那

图 295　克里斯托弗·雷恩,伦敦,圣　　图 296　伦敦,圣保罗大教堂,平面
　　　　　保罗大教堂,第一方案模型　　　　　　　　(剑桥,众灵图书馆)

么,毫不奇怪,荷兰建筑也采用了一种帕拉第奥古典主义,与英国的相关运动相比,有更多的清教徒特点。

1600 年,阿姆斯特丹已经成为这个国家的商业中心。[35]它是一个繁荣的城市,有五万居民,很大程度上高效地由商人组成的委员会领导。在 16 世纪末,委员会委任昂德里克·斯特茨(Hendrik Staets)为城镇扩建制定规划。他设计了著名的"三条运河计划",在老的城市核心周围形成同心圆环。本地的教堂和市场地段得到了保存。这个计划由丹尼尔·斯塔皮尔特(Daniel Stalpaert,1615—1676 年)实施,他制定了一个分区计划,把沿着三条纪念性运河的沿街用地分配给商人,用于建设大商店和城镇商人住宅。同时,由放射形运河形成的建筑地块分配给中产阶级和工匠居住。三条同心运河之间的区域,用地规模平均为 26 英尺(约 8m)开间和 180 英尺(约 55m)进深。一个最大的地块 56% 得到了保护。其他规定也为阿姆斯特丹成为一个现存最综合的城市景观做出了贡献。

城市市民为这个城市感到骄傲,这一点被雅各布·范坎彭(Jacob van Campen,1595—1657 年)在新市政厅中隆重地表达出来,它始建于 1648 年,也就是威斯特伐利亚和约(peace of Westphialia)签订年,这一年,荷兰的独立得到了承认。因此,阿姆斯特丹的市政厅有重要的象征意义,同时,大厅可以理解为荷兰共和国的"大教堂"。大的长方形建筑平面表现了一种明显的系统化愿望,同时,立面用一种统一的壁柱和开口系统连接,这些壁柱和开口在两层上都毫无变化地重复着。结果形成了一个一丝不苟的建筑,把自信和清醒结合起来。海牙的小毛里茨住宅(Mauritshuis,1633 年)更具魅力,由范坎彭为约翰·毛里茨·范纳绍王子建造。简单而近乎方形的体量由爱奥尼壁柱的巨大柱式连接,这给立面一个与众不同的特征。因此,入口墙在中间部分有一个宽大的开间,用来定义主轴线,同时,外部开间通过一个断裂的檐部形成一个不完整的侧翼。临水"花园"墙面的中间部分有一个三段式凸出部分。横向立面表现为统一的重复。因此,毛里茨住宅包含了 17 世纪宫殿所有的常见元素,但是它们是表现而不是强调。受控和微妙的结果通常被称为"帕拉第奥"式,但它更适合称为"荷兰"式。范坎彭的古典风格被他的学生与合作者彼得·波斯特(Pieter Post,1608—1669 年)继承下来,彼得·波斯特的主要作品是马斯特里赫特的市政厅(1659—1664 年)。在菲利普·温布恩斯(Philip Vingboons,1614—1678 年)的作品中也发现了一种相关的方法,他在阿姆斯特丹的特里彭住宅(Trippenhuis,1660—1662 年)给毛里茨住宅的主题某种

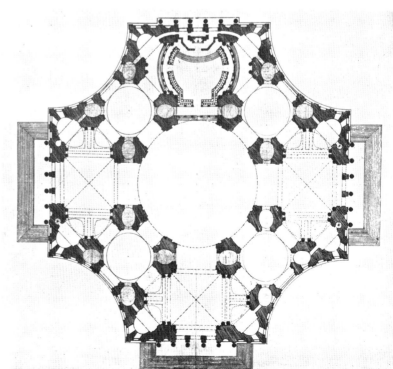

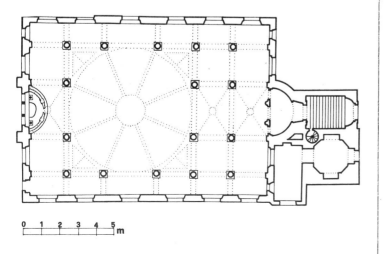

0 1 2 3 4 5 m

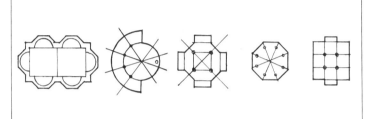

图 301 雅各布·范坎彭,海牙,毛里
茨住宅
图 302 荷兰新教教堂平面示意图
图 303 彼得·努威兹,海牙,新教堂

纪念性注释。

新教教堂的发展与荷兰密切联系在一起。从 17 世纪初开始,阿姆斯特丹的新教堂是极为传统的伪巴西利卡式;例如,我们可以讨论昂德里克·德凯泽(Hendrik de Keyser,1565—1621 年)设计的南教堂(1606—1614 年)和西教堂(1620—1638 年)。而斯特茨设计的北教堂(1620—1623 年)表现出一种更具创造性的方法。平面是一个希腊十字,带有切口的室内角,形成一个更好的空间综合。在这个空间中,座位按对角线方向排列。它的细部是手法主义的,带有哥特式的怀旧。1639 年,阿伦特·范斯赫拉弗桑德(Arent van s'Gravesande,死于 1662 年)开始在莱登建造八边形的马雷教堂。该教堂具有古典特征,并以穹顶覆盖。另一个"基本的"平面类型被范坎彭用于在哈勒姆的新教堂(1645 年):一个有内切希腊十字的广场。更不同寻常的是海牙的新教堂(1649 年),由彼得·努威兹(Pieter Noorwits,死于 1669 年)和巴塞洛缪斯·范巴森设计,它包括两个方形,周围增加了半圆形壁龛,给这个本质上简单的建筑相当丰富而复杂的特征。一个规则而连续的壁柱使墙面看上去是一个"壳"。双轴线有机体以一个陡峭的屋顶为中心,这个屋顶包容了两个方形平面和一个集中放置的教堂尖塔。因为教堂的布道坛是安排在短轴上,因此,室内也是中心化的。最后,我们应该提到阿姆斯特丹的新路德教堂(1668 年),由阿德里安·多尔茨曼(Adriaen Dortsman,1625—1682 年)设计。这里,平面以一个圆为基础。主穹顶区沿外围被回廊围绕,形成一个类似剧场的空间。这种连接在室内表现为托斯卡柱列,而在室外表现为壁柱。很明显,荷兰新教教堂倾向于采用中心化平面,同时,极其重要的是,它使用基本几何元素:方形、八角形、希腊十字、双方形和圆形。它似乎是建筑师想要表现一种在同样普遍类型限制之内可能的解决方式的"目录":一种静态的、中心化的空间,满足自显的清晰性和规律性的要求。加尔文教派的理想因此得以表达;1564 年,于格诺教徒在里昂(Fleur-de-lis,Paradis,Terreaux)建造了三座中心化的"神庙"[36],它表现了晚期新教教堂的特色。后来,加尔文主义成为商业城市联邦的宗教,它牢固、清晰、有效的规则非常适合这个社会的一般特点。小加尔文教派中心需要一般性防御。加尔文教派国际由此建立起来。多德特(Dordt)宗教委员会(1617 年)是特伦特天主教委员会的等价物。尽管有"反巴洛克"特征,加尔文教派建筑同样被巴洛克系统化思想统一起来。

191

六、斯堪的纳维亚半岛

虽然斯堪的纳维亚国家接受了新教教义，但是他们仍然维持绝对君主政体。因此，在斯堪的纳维亚半岛，17世纪的社会缺乏我们在其他欧洲国家看到的那种明确方向。一方面，存在一种集中过程，它给首都城市哥本哈根和斯德哥尔摩带来了高贵；另一方面，贸易和工业的发展，在较小的规模上明显与荷兰类似。因此，建筑受到来自法国、荷兰甚至是意大利的广泛影响。谈论特定的斯堪的纳维亚建筑是不可能的，但是有若干重要的单体建筑值得讨论。[37]

在丹麦，建筑活动在国王克里斯蒂安四世（1577—1648年）时期出现了繁荣局面，国王想把哥本哈根变成一个真正的首都城市。从1626年开始，它的用地范围增加了一倍，此前，许多辉煌壮丽的建筑以一种具有创造性的手法主义风格建造起来。我们可以讨论罗森堡逍遥宫（1606—1617年）和交易所（1619—1630年），因为它的平面是国王亲自设计的。他设计了一个八角形广场，把这个广场作为新城市的焦点，可惜它未能实施，因为在三十年的战争中，国王扮演了不幸的角色，使建设活动停止了，他的继任者在统治期间，也很少对建筑发生兴趣。仅仅在1672年，哥本哈根建造了第一座巴洛克宫殿——夏洛滕堡——位于带有克里斯蒂安五世雕像的皇家广场，即孔恩斯·内托夫（Kongens Nytorv）广场和一个花园之间。

瑞典在17世纪达到了全盛时期，同时也经历了一个伟大的艺术成就时代。在17世纪前三十年，瑞典建筑遵循丹麦的手法主义道路。1639年开始发生转变，法国人西蒙·德拉瓦莱（Simon de la Vallée）被指定为皇家建筑师，他教育自己的儿子让·德拉瓦莱和老尼科迪莫斯·特辛（Nicodemus Tessin，1615—1681年），使之对瑞典巴洛克建筑的发展发挥了决定性作用。

1650年从意大利回到瑞典之后，让·德拉瓦莱在斯德哥尔摩把奥辛斯蒂尔纳宫建成一个罗马的府邸。1656年，他在大圣卡塔琳娜教堂解决了新教教堂的问题。平面是方形与希腊十字有趣的合成。同一年，他建造了邦德宫殿，把贵宾接待前院引入到瑞典。这个复杂的建筑是用连续的粗面石墙统一起来的，但是单一的体量用高屋顶来定义。[38]主体居住建筑和它的角亭由粗面石壁柱的巨大柱式来连接。因此，宫殿代表德布罗斯风格的进一步发展。1659年，德拉瓦莱接管了里达住宅（贵族住宅）的建设，它是1653年由荷兰建筑师尤斯图斯·温布恩斯（Justus Vingboons）设计的。温布恩斯负责引入"荷兰式"巨大的壁柱，他在1646年荷兰商人路易·德海尔（Louis de Geer）的府邸中

已经用过这种主题，这座建筑重复了毛里茨住宅的基本布局。德拉瓦莱试图给里达住宅一个贵宾接待前院，但是伸出的侧翼最终未能建成。

1649年，老尼科迪莫斯·特辛成为皇家建筑师，建造了一些重要建筑，体现了法国与意大利特点的奇特混合。他的卡尔马大教堂（1660年）是一个拉长的双轴线有机体，用四个教堂塔楼来强调中心。连接风格与罗马的16世纪意大利艺术风格建筑较为接近。在斯德哥尔摩的卡罗琳陵墓（1672年），特辛运用了法国古典主义的方法，但是，一种真正的巴洛克综合通过一个延续到穹顶的凸面角来获得。这个解决方式非常引人注目，在17世纪斯堪的纳维亚建筑中这座建筑备受尊敬。特辛的代表作——德罗特宁霍尔姆（Drottningholm）的大国家宫殿——有加倍的主体居住建筑，主体居住建筑有角部墙面凸出部分，还增加了亭阁。这种连接简单而强烈，表现了壁柱的巨大柱式坐落在粗面石底层上。总之，建筑有某些保守特征。[39]

特辛的儿子小尼科迪莫斯·特辛（1654—1728年），是17世纪瑞典的主要建筑作品的设计师。他是一个非常有才华的建筑师，在罗马接受教育（1673—1678年和1687—1688年），在那里，他频繁接触伯尼尼和卡洛·丰塔纳。在1678—1680年以及1687年，他多次访问法国，并研究了勒诺特雷的作品。[40]他旅行的第一个结果就是设计了德罗特宁霍尔姆宏伟壮丽的花园。作为年轻有活力的查理十二世的皇家建筑师，特辛得到了许多委托，以斯德哥尔摩皇家宫殿的重建达到顶峰，这是他1688年返回瑞典之后不久开始的。由于国王对宗教的兴趣，首先需要一座新的宫殿礼拜堂（1689年），但是1690年，他决定建造一个朝北的新侧翼。特辛的设计方案[41]表现了坐落在"自然岩石"和粗面石基础上的一个大罗马府邸，明显源自伯尼尼的蒙特西托里奥（Montecitorio）宫殿。1697年，旧宫殿被焚毁，很快特辛准备了一个新的宏大堂皇的建筑平面。几年以前（1694年），他曾在哥本哈根设计了一座新皇家宫殿（Royal Palace），采用了一个大U形平面和一个大的贵宾接待前院。然而，它的特点是彻底的罗马式，反映了从伯尼尼的基吉-奥代斯卡尔基宫获得的灵感。年轻的瑞典国王查理十二世需要一个更宏伟的建筑，特辛设计了一座大的方形庭院-宫殿，与几年前设计的北部侧翼结合起来。建筑看上去是一个统一的块，让我们想起伯尼尼为卢浮宫做的最后一个设计方案。然而，在西边，特辛增加了一个低而弯曲的马厩，形成一个前院。在东边部分，通过伸出的侧翼定义了一个宽敞的花园平台。因此，这种解决方式代表了意

图 304　小尼科迪莫斯·特辛,斯德哥
　　　　尔摩,皇宫,前院
图 305　斯德哥尔摩,特辛宫,平面

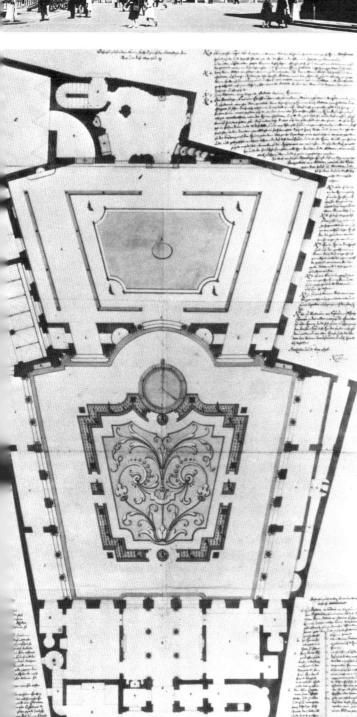

大利和法国类型的结合。大庭院被作为一个皇家广场,这里,特辛竖立了一座查理十一世的骑马雕像。这样,宫殿将接受一个今天所缺乏的焦点。墙面连接具有罗马式的特征,但是,它的一般比例创造了一种扩展效果。贵宾接待前院在立面上与巴尔贝尼尼宫有密切关系,而其他立面的中心被巨大的壁柱或者柱列所强调。毫无疑问,斯德哥尔摩的皇家宫殿在欧洲 17 世纪伟大的宫殿中是最统一的,而且,在建筑史上成为这个时代的一个有价值的结论。[42]

在与皇家宫殿相连处,特辛为斯德哥尔摩设计了一个宏伟的纪念性中心,在河对面有一个新的大教堂坐落在宫殿的横轴上,同时也有其他公共建筑(1704—1713 年)。特辛的纪念性设计方案依照古典规律来识别,没有展示任何真正的巴洛克造型或者空间动态活力。在自己的城市住宅特辛宫(1692—1700 年)中,他有自由实验的特权。住宅位于皇家宫殿前的一个狭窄而不规则的地段上。主体居住建筑以意大利方式俯瞰街道,立面具有罗马式特征。两道突出的墙面表现为一个贵宾接待前院。[43]在主体居住建筑后面,我们发现一个宏伟壮丽的大花园,花园的两侧伴随着浅的分叉侧翼。空间在中途变窄,在此放置了两个自由的建筑元素,用来定义一个半圆形室外,中间包括一个喷泉。半圆形空间为花园的两部分创造了有效的空间相互渗透,整个构图以一个高壁龛结束,由于透视缩短的诡计,它看上去像一个深柱廊。这样,花园把亲近和一种看上去无限的纵深运动结合起来。在17 世纪的整个世俗建筑中,找到一种更让人着魔的真正的巴洛克空间是相当困难的。他以一种高度创造性的方式把罗马和法国的思想统一起来,并且显示了创造者伟大的才能。由于有了特辛,斯堪的纳维亚建筑才达到了欧洲水平,这或许是历史上惟一一段这样的时期。

七、中欧

17 世纪,三十年的战争(1618—1648 年)表明了日耳曼国家的困惑局面。然而,在战争开始之前,我们发现大量积极的建筑活动,它们主要与宗教改革运动有关。在 17 世纪的最后十年,建筑慢慢地恢复了它的纪念性,但是,直到 18 世纪,德国巴洛克才真正充分地发展起来。[44]

宗教改革运动建筑由慕尼黑圣米夏埃尔的耶稣教堂引入德国,由一个不知名的建筑师于 1583 年之后建造。宽阔的教堂中厅,明显与耶稣教堂有关,但是这个系统由于适应壁柱建筑的本地传统而彻底改变了。"墙-支柱"是晚期哥特式的扶壁,放置在室内而不是建筑外

图 306　斯德哥尔摩,特辛宫,花园

图307　慕尼黑,圣米夏埃尔教堂,
　　　　室内
图308　汉斯·阿尔韦塔尔,迪林根,
　　　　耶稣教堂(Jesuit Church),室
　　　　内

部。在圣米夏埃尔教堂,一个大筒拱横跨 20m,直接落在这种支柱上。他们之间有高壁龛穿入拱顶。因此,室外墙面减弱为结构上的中性表面。对古典连接的怀旧在连续的额枋上表现出来,形成位于墙-支柱之间的长廊。一般来说,它所获得的空间与结构综合的可能性,超过了罗马长方形基督教堂(巴西利卡)。

圣米夏埃尔教堂开创的新方法得到汉斯·阿尔韦塔尔(Hans Alberthal,约1575—1657年)的进一步发展,他为耶稣建造了三个墙-支柱教堂:迪林根(1610—1617年)、艾希施泰特(1617—1620年)和因斯布鲁克(1619—1621年)。[45]这些教堂建筑省略了水平长廊,结果得到了一种给人印象最深刻的空间综合。三十年的战争打断了汉斯·阿尔韦塔尔最初的主动权,然而,五十年之后,它被位于奥地利的福拉尔贝格州(Vorarlberg)的建设者继承下来,并且在中欧晚期巴洛克时期伟大的宗教建筑发展中发挥决定性作用。[46]

在三十年战争之前,很难有谈论德国世俗巴洛克建筑的可能性。德国作家经常赞扬奥格斯堡的市政厅(1614—1620年),把它作为阿尔卑斯山北侧的第一个巴洛克建筑,由埃利亚斯·霍尔(1573—1646年)为这个重要的贸易中心建造。建筑是一幢高的中世纪中产阶级市民住宅和一个意大利府邸奇怪的结合,它的建筑风格表现了罗马和帕拉第奥元素的混合。尽管有笨拙的连接,一般的效果给人印象深刻,它的建筑功能非常适合作为一个城市最高点。

在波希米亚,战争在 1620 年已经结束,以白山(White Mountain)的天主教胜利而告终。1621 年,沃伦斯坦开始在布拉格建造一座大的城市-宫殿,由意大利建筑师安德烈·斯佩扎(Andrea Spezza)设计。这座建筑最有趣的特性在于大厅的墙面连接,檐部被打断,使垂直构件成为一个独立的单位,与拱顶共同形成一个大华盖。17 世纪中期,另一个意大利人卡洛·卢拉戈(Carlo Lurago,1618—1684 年)在波希米亚发挥了重要作用。在布拉格,他的克莱门蒂尤姆(耶稣学院)仍然具有手法主义(1654—1658 年)特征,但是在他的职业接近结束时,他实现了一种完全成熟的巴洛克建筑,其中最重要的是帕绍(Passau)大教堂(1668 年)宏伟壮丽的教堂中厅。空间被构思成为一个位于帆拱上的横向椭圆碟形穹顶的连续,并且有乔万尼·巴蒂斯塔·卡洛内装饰的豪华抹灰工艺。在布拉格,宫殿建设由弗朗切斯科·卡拉蒂(Francesco Caratti,死于 1679 年)继续下去,在这个城市,他可能是真正使用巨大柱式设计诺斯蒂茨宫殿(1660 年)的第一人。后来,卡拉蒂建造了一个巨大的切尔宁宫殿(1669—1689 年),这里,一种帕拉第奥类型的巨

图 309　埃利亚斯·奥尔，奥格斯堡，
　　　　市政厅
图 310　弗朗切斯科·卡拉蒂，布拉
　　　　格，切尔宁宫
图 311　卡洛·安东尼奥·卡洛内，维
　　　　也纳，"宫廷"耶稣教堂
图 312　阿戈斯蒂诺·巴雷利，慕尼
　　　　黑，德亚底安教堂

大柱式被无限重复，以便创造一种巴洛克的华丽修饰效果。随着法国建筑师让－巴普蒂斯特·马太（Jean-Baptiste Mathey，1630—1695 年）来到布拉格，波希米亚建筑获得了一种更精炼的特征。[47]他的特罗亚花园宫殿（1679—1697 年）使用了法国的亭阁系统，并且用连续的巨大壁柱柱式统一起来。马太的主要作品是圣弗朗西斯教堂（赫伦十字教堂），建于 1679 年至 1688 年间。平面是纵向椭圆和拉长希腊十字的结合，同时，室外表现为一种非常敏感的连接。基本元素是罗马式（例如立面和穹顶上巨大的壁龛），但精练的表面细部让人想起法国古典主义。

　　在维也纳，建筑活动在某种程度上开始较晚，而且是在 1683 年土耳其人失败之后，才获得一种真正的发展势头。第一项重要作品是"宫廷"耶稣教堂的新立面，1662 年由卡洛·安东尼奥·卡洛内建造（Carlo Antonio Carlone，死于 1708 年）。通过伸出的侧翼把教堂与附近的宫殿结合起来，而且与前面的广场在空间上相互作用。这种解决方式与弗朗索瓦·芒萨尔的米尼梅斯教堂有关。几乎与此同时，菲利贝托·卢凯塞（Filiberto Lucchese）建造了胡浮堡皇宫（维也纳）的一排建筑（Leopold range，1661—1668 年），它使用了一种受抑制的手法主义墙面连接。真正的巴洛克方法是由多梅尼科·马丁内利（Domenico Martinelli，1650—1718 年）引入的，他于 1690 年定居维也纳。[48]他最重要的作品是两座列支敦士登宫殿：城市－宫殿从 1692 年开始建造，花园宫殿从 1696 年开始建造。城市－宫殿是维也纳第一个完全成熟的巴洛克建筑。它的出现是伯尼尼的基吉－奥代斯卡尔基宫殿的纪念性翻版，并以此证明了他非凡的建筑天赋。花园宫殿有一个宏伟的门厅，它贯穿建筑的整个深度。对称布局的楼梯加入到这个先进的空间解决方式中。室外的连接遵循最优秀的罗马传统，巨大柱式的壁柱坐落在粗面石底层上。马丁内利的天赋在他的奥斯特利茨宫殿斯拉夫科夫得到进一步确认，这座宫殿建于 1700 年之后不久，在这里，他引入了一个贵宾接待前院。[49]意大利建筑师也主导了德国南部的建筑活动。最重要的人物是阿戈斯蒂诺·巴雷利（Agostino Barelli，1627—1699 年），他设计了慕尼黑的大德亚底安教堂（1663 年），以罗马的圣安德烈·德拉瓦莱教堂作为原形。立面上增加了双教堂塔楼，形成一个动人的整体。[50]室内由于使用一种有凹槽的半柱列，具有某种"古典的"特征。在任何程度上，空间比同时代的帕绍教堂中厅更缺乏趣味。巴雷利同时也开始了宁芬堡宫殿（1664 年）的建设，它后来由恩里科·祖卡利（Enrico Zucalli，1642—1724年）继续下去[51]，恩里科·祖卡利还

设计了施莱斯海姆(Schleissheim,1692 年)大宫殿。几乎所有上面提到的作品都归功于意大利建筑师,他们在三十年战争之后控制了中欧的局面。他们中大多是来自意大利北部(或者瑞士的意大利人)的次要人物,而且他们的作品很少真正富有创造性。然而,他们的贡献在于对这个时代思想的普遍传播找到了一条决定性的途径,同时,他们与许多意大利石匠和抹灰工人一道,奠定了 18 世纪伟大的晚期巴洛克建筑的基石。

然而,在做结论之前,我们应该提到一个德国建筑师:安德烈亚斯·施吕特(Andreas Schlüter,1664—1714 年),他在精神上属于 17 世纪。他原来是一个雕刻家,1698 年,他受委托设计柏林皇家宫殿。[52]这个宫殿是一个更大的城市计划的一部分。以一个大教堂来定义主轴线,用宫殿来定义横轴线。保守的庭院布局由老宫殿来决定,同时,它的一般特点明显受到伯尼尼卢浮宫设计的影响。然而,施吕特增加了对造型的强调和变化的母题,创造出一种明显的带修辞色彩的效果。这个宫殿在二次大战之后被推倒,以抹去对德国专制主义开端的记忆。

八、结论

传统上,巴洛克被视为欧洲艺术中最后一个伟大的普遍"风格"。如果我们记住这个时代把整个世界构想成一个综合系统的强烈愿望时,这似乎是十分自然的。但是我们也已经看到,17 世纪针对宗教、哲学或政治类型提供了大批不同的系统。那么,它是如何可能保持"巴洛克"这样一个单一的概念呢?事实上,许多学者着重强调 17 世纪艺术的多样性,虽然有些人指出了这个时代明显而强烈的普遍特点。[53]在我们的阐述中,我们曾经试图展现一点,那就是所有的巴洛克系统事实上具有普遍的基本特征。这些特征主要不是源自特殊的内容,而是源于更一般的概念。为了描述这些,我们使用了两种类型的概念:精神和空间。因此,所有巴洛克系统的操作是通过精神的说服、参与以及传递,并且通过空间集中、综合以及扩展来具体化。如果忽视各种各样参与的具体类型,而这些类型又是不同的初始选择的结果,那么,巴洛克的存在具有一种普遍的基本结构,同时,我们有理由谈论一种存在空间。这种空间能用来辨别这个时代,就像我们可以指出在它伟大的哲学系统之间的基本类推一样。[54]我们也应该记住新的科学概念,这些概念被所有的存在系统,特别是无限和运动的思想所同化。"整个巴洛克的艺术充满了无限空间和万物之间相互作用的

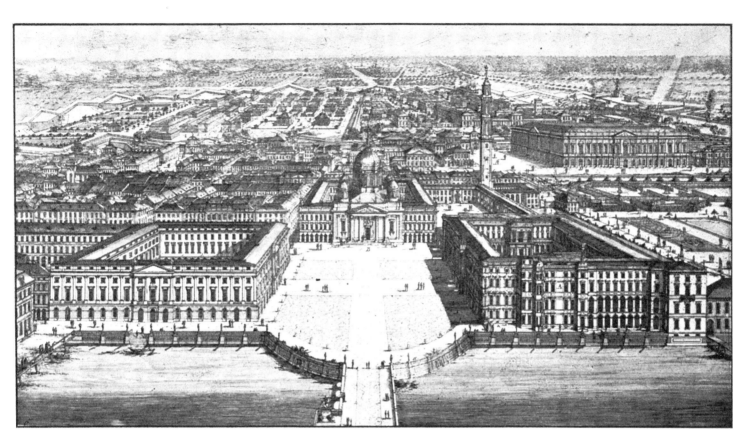

声。它总体上的艺术作品成为宇宙的象征,作为活着的统一有机体,生活在它所有的各个部分中,就像天体一样指向一种无限的未被打破的连续;每一部分包含控制整体的规律,在每一部分,相同的力量和相同的精神在发挥作用。"[55]

巴洛克建筑是这个时代所有环境层面上存在结构的具体化。根据这里讨论的系统,可以给其中一个或更多层面给予特别强调。因此,在法国,景观成为主要层面,而且我们可以认为勒诺特雷是17世纪法国建筑中真正的主角。城市反映了景观设计的影响,并且因此接受了一种新的维度。在意大利,建筑仍然是环境的要素成分,尤其是教堂更是如此。然而,在两种情况之下,空间的连接问题十分重要。法国建筑师发展了一种基于圆形广场与场所和连接的理性系统,用直路径来组织空间。[56]意大利建筑师(特别是波罗米尼和瓜里尼)把空间处理成一种"负"建筑,作为造型的"形体"与周围的空间产生相互作用。因此,意大利的巴洛克建筑比"智能的"法国布局更有直接的感官效果。在法国,焦点通常是空间,而意大利的焦点则是造型"事物"。更进一步说,意大利建筑特殊的动态活力来自于空间和群体的相互作用,而法国建筑更具有作为纯粹空间扩展的特征。我们已经把这些基本的特点解释为两个国家存在系统的表达。在其他欧洲国家,系统思想的发展并没有这么强烈,因此,我们没有发现充分综合的建筑系统。这在荷兰尤为明显,因为它保持了一种陈旧的地方自治政府。[57]

本质上,巴洛克建筑是中央独裁集权系统的具体化。尽管有这种事实,我们可以谈论巴洛克建筑的实际情况。作为一套特殊的现象,巴洛克当然属于过去。然而,除历史事件之外,有必要引入一种思想或者存在可能发生的历史。在这个历史中,巴洛克建筑占据了重要位置,作为一个形式系统很好地扩展了人的存在空间,给他提供了一个"开放的"世界,这个世界与有意义的中心有关。[58]这个一般的模型可能接受更新更特殊的内容,并且因此有助于我们建造一个新的多元论世界,并取得效果。

注释

第一章

1　E·卡西雷尔，The Philosophy of the Enlightenment (1932)，Boston，1955，p. 39。

2　因此，阿尔贝蒂说："很明显，自然界喜欢的主要是圆形体形。"(Ten Books on Architecture，VII/iv，London，1755，p. IS8)。

3　比科·德拉米兰多拉，Oration on the Dignity of Man(1486 年)。Elizabeth Livermore Forbes 英译本 The Renaissance Philosophy of Man(ed. E. Cassirer, P. O. Kristeller, J. H. Randell Jr.)，Chicago，1948 年。

4　歌德把哥白尼以太阳为中心的世界称为"die groisste, erhabenste, folgenreichste Entdeckung, die je der Mensch gemacht hat, wichtiger als die ganze Bibel"(Letter to von Muller 1832)。

5　勒内·笛卡儿，Discourse on Mehod. English translation by F. E. Sutcliffe. Hatmondsworth，1968，p. 54。

6　F·E·萨克利夫，Introduction to Descartes: Discourse on Method，p.19。

7　参见达朗伯特为法国百科全书撰写的"Discours preliminaire"(1751 年)，在文中，他这样把对系统的兴趣与他当时那个时代的系统精神区别开来。

8　今天的多元论进入了一个新时代，应当特别感谢通讯的进步。

9　焦尔达诺·布鲁诺，De l'infinito universo e mondi，Dialoghi I, III (1584 年)。

10　因此，伽里略说："Non sono io che voglia che il Cielo come corpo nobilissimo, abbia ancora forma nobilissima, quale e le sferica perfetta, ma l'istesso Aristostele... ed io quanto a me, non avendo mai lette le croniche e la nobilta particolari delle figure, non so quale di esse sieno piu o men nobili, piu o men perfette; ma credo che tutte siano antiche e nobili a un modo, o per dir meglio, che quanto a loro non sieno ne nobili e perfette. ng ignobili ed imperfette," in Opere，Florence，1842—1856，so). IV. p.293。

11　对此有一些重要的异议，例如布隆代尔、佩罗和瓜里尼的论述，但是我们可以注意到，这些作者的词汇意义上并不专业。

12　F·E·萨克利夫，op. cit.，p. 14。

13　特伦特委员会的教规和教令，Session XXV, Tit. 2. 引自 A·布兰特，Artistic Theory in Italy 1450—1600，Oxford，1956，p. 108。

14　阿尔伯特·施瓦茨格实际上已经证明，巴赫的作品如何以运用"自然"和文学想像为基础，它们拥有巴洛克的两个基本特征：以"自明"主旋律为基础的系统化组织和具有说服力的腔调。参见 A. Schweitzer，J.S. Bach，Leipzig，1908。

15　法国皇家油画与雕塑研究院创建于 1648 年，建筑研究院创建于 1671 年。

16　这种看法在布拉曼特(Bramante)的学生拉斐尔和佩鲁齐的作品中已经非常明显。

17　帕拉第奥对此表示异议，他的确建立了一种非常清楚和广泛的"建筑系统"，我们将在后面再讨论他的功绩，这些功绩与 17 世纪的建筑联系密切。

18　S·吉迪翁在他的《空间、时间和建筑》(Space, Time and Architecture)的"西克斯图斯五世与巴洛克罗马的规划"中对此有一个很好的说明。Space, Time and Architecture, fifth edition，Cambridge, Mass.，1667，pp.75 ff。另见：G. Giovannoni，"Roma dal Rinascimento al 1870."in Topografia e Urbanistica di Roma

19　(Storia di Roma, volume XXII, Rome, 1958)。吉迪翁，op. cit.，p. 93，译自 Della Trasportazione dell'Obelisco Vaticano e della Fabriche Di Nostro Signore Papa Sisto V, fatto dal Cav. Domenico Fontana, Architetto di Sua Sanita (Rome, 1590)。

20　中央大街，即科尔索大街，沿着古代的拉塔大道(Via Lata)，而向右的迪里佩塔大街是由教皇莱奥十世(1513—1520 年)和保罗三世(1534—1549 年)主持建成的。

21　焦万诺尼，op. cit.，p. 407。

22　笛卡儿，op. cit.，Discourse 2。

23　第一个方尖碑的建设，目的在于标识城市的主要广场圣彼得罗广场，多梅尼科·丰塔纳解决了这个技术上的难题，在 1586 年 9 月 10 日，整块大巨石完成。

24　G·C·阿尔甘，L'Europa delle Capitali 1600—1700，Geneva，1964，p. 45。

25　"monument"一词在这里表示它的原始意义，也就是，让我们记住了某些东西。

26　阿尔甘，op. cit.，p. 57。

27　P·拉韦丹，French Architecture，Harmondsworth，1936，p. 239。

28　L·B·阿尔贝蒂，Ten Books on Architecture，English edition，London，1755. Reprint，London，1955，p.136。

29　A·帕拉第奥，I quattro libri dell'Architettura，Venice，1570. English edition by Isaac Ware，London，1738。

30　彼得罗·卡塔内奥(Pietro Cataneo)对此有异议，他坚持城市中的主要教堂应采用十字形平面，因为十字象征拯救和赎回。P. Cataneo，I Quattro Primi Libri di Architettura，Venice，1554。

31　参见 S·辛德林-拉森，"意大利文艺复兴时期中心化教堂的一些功能和图示法象征问题"，见 Acta ad archaenlogicam et artium historiam pertinentia, vol. II，Rome，1965，pp. 203 ff。

32　参见 C·诺伯格-舒尔茨，"Le Ultime Intenzioni di Alberti,"in Acca ad archaenlogicam et artium historiam pertinentia, vol.1，Oslo-Rome. 1962，pp. 131ff。

33　辛德林-拉森，op. cit.，p. 240。

34　参见 W·洛茨(W. Lotz)，"Die ovalen Kirchenraume des Cinquecento," Romisches Jahrbuch fur Kunstgeschichte. Bk. 7。

35　C·博罗梅奥(C. Borromeo)，Instructiones Fabricae et Supellectilis Ecclesiasticae(1577)．辛德林-拉森翻译，op. cit.，p.205。

36　该教堂 1568 年由维科奥拉开始建造，1576 年由贾科莫·德拉波尔塔完成，后者设计了立面和穹顶。与此同时，帕拉第奥确认巴西利卡(长方形会堂)为同时代教堂的模型。他说："Mai noi... edifichilamo li Templj che si assimiliano molto alle Basiliche..."(op. cit.，IV，5)。

37　参见 C·G·佩鲁齐(C. Galassi Paluzzi)，Storia segreta dello stile dei Gesuiti. Rome，1951."Era stato cosi posto in luce che le costituzioni dell'Ordine in merito alla costruzione di chiese, collegi, convitti ecc., non prescrivevano nessuna legge, ne prevedeano regolamenti circa lo stile architettonico, o le piante, o la decorazione pittorica o scultorea"(p.39)。

38　A·布兰特(A. Blunt)，op. cit.，pp. 127 ff。

39　阿尔甘，op. cit.，p.106。

40　长方形基督教堂(Basilically the church)是城市公共空间的延伸，虽然它带有神圣的特殊条件限制，即作为私密的"神的居所"(house of God)。

41　它的根源可以从罗马的古代文物中找到，因此，别墅代表"文艺复兴"一种有意识的尝试，阿尔贝蒂引用了马提尔(Martial，约公元 38—约公元 104 年，罗马铭辞作家——译者注)的作品：You tell me, Friend, you much desire to know, What in my Villa I can find to do? I eat, drink, sing, play, bathe, sleep, eat again, or read, or wanton in the Muses Train。阿尔贝蒂，op. cit. IX, ii。

42　这种例子非常多，我们只想回顾一下 Lorenzo il Magnifico(1480 年)的朱利奥诺·达圣加洛的 Poggin a Caiano。

43　例如，布鲁内莱斯基(Brunelleschi)(?)设计的佛罗伦萨皮蒂宫(约 1435 年)和 Bernardo Rossellino 设计的 Palazzo Piccolomini in Pienza (约 1460 年)。真正的别墅(villa suburbana)是 16 世纪发展形成的。

44　阿尔贝蒂，op. cit.，V, xviii。

45　阿尔贝蒂，op. cit.，IX, ii。

46　S·塞利奥，Tutte l'Opere d'Architerttura，IV。

47　A·帕拉第奥，op. cit.，II/12。

48　这种尺度和肌理对比在费拉拉得到了最好的表现，中世纪城镇在 1492 年之后由比亚焦·罗塞蒂扩建，罗塞蒂引入了一个规则空间分布的宫殿系统，参见 B·赛维，Biagio Rossetti. Turin，1960。

49 阿尔贝蒂，op. cit., IX, ii。

50 因此，维也纳的城市宫殿在类型上源自意大利宫殿而非法国旅馆，它代表建筑与环境之间一种不同的关系。

51 这个问题被罗伯特·文丘里在他的基本研究《建筑的复杂性与矛盾性》中重点提出，Complexity and Contradiction in Architecture, New York, 1966。

52 L·C·施图尔姆，Vollstandige Anweisung alle Arten von regularen Prachtgebauden nach gewissen Regeln zu Erfinden, Augsburg, 1716, ch. 2。

53 A·C·达维莱，Cours d'Aechitecture qui comprend les ordres de Vignole. Paris, 1691 – Preface。

54 勒·柯布西耶，《走向新建筑》(Vers une Architecture), Paris, 1923, English edition, London, 1927, pp. 126, 118,191。

55 维特鲁威，De Architertura. I. ii, 5. English edition, London, 1931, p.29。

56 参见 E·福斯曼，Dorisch. Ionisch. Koeinrisch. Studien uber den Gebrauch der Saulenordnungen in der Architektur des 16—18. Jahrhunderts. Stockholm, 1961。

57 塞利奥. op. cit., IV, preface。

58 塞利奥. op. cit., IV。

59 M·德尚特卢(M. de Chantelou): Journal du voyage du Cav. Bernin en France, Paris, 1855(20 October 1665)。

60 M·海德格，Sein und Zeit (1927 年),11th ed. Tubingen 1967, p. 104。

61 参见 C·诺伯格 – 舒尔茨，《存在、空间和建筑》，Existence, Space and Architecture, London,1970。

62 参见 C·诺伯格 – 舒尔茨，op. cit. 我们还可以参见 Susanne K. Langer，他说过："一种文化确实是由人类活动组成的，它是一种互锁和交叉的行为系统，一种连续的功能模式……建筑师创造了它的形象；一种物质上呈现的人类环境，这种环境表示了组成一种文化的典型节奏功能模式。"(Feeling and Form. New York, 1953, p.96.)

第二章

1 有关更广泛的调查，请参见 E·A·古特金德(E. A. Gutkind), International History of City Development, New York, 1964。

2 教皇的别墅——即蒙塔尔托别墅——与这个"星形"结合在一起。它的主要入口朝向大圣玛丽亚教堂半圆形壁龛前面的广场，从这里开始，有一个三角叉通向花园，它是由多梅尼科·丰塔纳于 1570 年建造的，当时西克斯图斯五世还只是红衣主教。这座别墅 19 世纪被毁，由于火车站的建设，大圣玛丽亚教堂和圣克伦佐·富里·勒迈拉拉教堂之间的联系也被中断了，一条从圣特里尼塔·德尔·蒙蒂教堂通向德尔波波洛广场的街道最终也未能建成，而它实际上将给广场的放射形街道系统增加第四部分。

3 例如，热闹的科隆纳广场打断了科尔索的纵向运动，这在西克斯图斯五世时代已经安排妥当，参见 S·吉迪翁，op. cit., p. 99。

4 在西克斯图斯五世成为教皇之前，贾科莫·德拉波尔塔已经建造了大量广场，被称为"Architetto delle fontanedi Roma"，这些广场包括：Piazza Colonna(1574)，Piazza Navona(lateral fountains 1574—1576)，Piazza della Rotonda(1575)，Piazza Mattei(1581—1584 年)，Piazza Madonna dei Monti(1588—1589)，Piazza Campitelli(1589)，Piazza d'Aracoeli(1589)，Piazza della Chiesa Nuova(1590)，Via del Progresso(1591)，Piazza del Quirinale (1593). 参见 C. D'Onofrio, Le Fontane di Roma, Rome, 1957。

5 例如，丰塔纳的德尔拉泰拉诺宫(1586 年)，一般被视为一座"呆滞"的建筑，但是，它的平面表现出一种系统布局方式，这种布局方式在这个时代的任何其他罗马宫殿中很难找到。

6 丰塔纳，op. cit。

7 参见 H·西本许纳(H. Siebenhuner), Das Kapitol in Rom, Munich,1954。同时参见 J·S·阿克曼(J.S. Ackerman), The Architecture of Michelangelo. London,1961。

8 1559 年，这座雕像竖立起来的时候，很多人认为雕像是君士坦丁，即第一个克里斯蒂

9 参见 C·德托尔奈(C. de Tolnay), "Michelangelo architetto", in Il Cinquecento, Florence, 1955。

10 第三座宫殿模仿代孔塞尔瓦托里宫,1654 年由 G·拉伊纳尔迪完成。

11 参见阿克曼，op. cit., II,pp. 76 ff。

12 这种区别是汉斯·罗斯造成的,他把远离一点的三角叉定义为"意大利式"，而把反向的三角叉定义为"法国式"，这实际上是一种误解。巴洛克的放射形能够用两种方式"解读"，虽然在某些场合需要单独作为集中或放射。参见 Spatbarock, Munich, 1922, p. 79。

13 P·波尔托盖西指出：这种结果由事实来巩固，这个事实就是教堂的轴线向广场汇聚，参见 Roma Barocca, Rome,1966, p. 277。

14 参见 R·威特科尔，"卡洛·拉伊纳尔迪和整个巴洛克时期的罗马建筑(Carlo Rainaldi and the Roman Architecture of the Full Baroque)", The Art Bulietin, Vol. XIX, No. 2, June 1957。

15 拉伊纳尔迪的设计方案表明，柱廊上面以一个阁楼为顶，这个阁楼后来被伯尼尼省略了。伯尼尼于 1674 年加入并成为监督人，参见波尔托盖西，op. cit., p. 277。

16 1878 年，由于交通量日益增加，德尔波波洛大门扩建了两个侧门。

17 委托可以追溯到 1794 年，最终方案 1812 年完成。

18 有关纳沃纳广场的历史，参见 P·罗马诺和 P. Partini, Piazza Navona nella storia e nell'arte, Rome,1944。

19 圣阿涅塞教堂的历史可以追溯到 1123 年，当时，这座教堂奉献给纯洁的圣徒。1652 年，卡洛·拉伊纳尔迪受委托在原址建造一座新教堂。在奠基之后，波罗米尼于 1653 年接手了这个项目并对方案作了很大修改。首先，他为这个中心结构加了一个凹立面，并且加高了圆屋顶(cupola)，把穹顶置为一个高鼓座上。在教堂建成之前，波罗米尼也被撤出了，1657 年，一群合作建筑师接手这个项目，G. M. Baratta 设计了钟塔，卡洛·拉伊纳尔迪设计了采光塔。参见 E. Hempel, Francesco Borromini, Vienna, 1924, pp. 158 ff。

20 参见 D'Onofrio,op. cit., pp. 201ff。同时参见 R·威特科尔, Bernini, London, 1955, pp.34 ff。

21 波尔托盖西，op. cit., p. 299. 有关圣玛丽亚·德拉帕切教堂的全面分析，参见波尔托盖西，"S. Maria della Pace, di Pietro da Cortona,"L'architettura, VII, pp. 840 ff。

22 圣玛丽亚·德拉帕切教堂同时也表现出一些细部特点，这些特点被晚期巴洛克建筑吸收，例如，教堂两侧的栏杆上隆起的三竖线花纹装饰(soft swelling triglyphs)。

23 我们可以从波尔托盖西发表的一张图上了解这个方案。(Roma Barocca, p. 195)。

24 有关这个项目的完整历史，参见 H. Braner 和 R·威特科尔, Die Zeichnungen des Gianlorenzo Bernini, Vienna, 1951. 同时参见 C. Thoenes, "Studien zur Geschichte des Petersplatzes,"Zeitschrift fur Kunstgeschichte, 1963 年。

25 这个椭圆以两个彼此通过圆心的相交圆为基础，这种解决方式在塞利奥已经出现，op. cit., I, p.14。内部尺寸：196m×142 m。

26 Codice Chigiana H. II,22。

27 参见 R·威特科尔，Bollettino d'Arte 中的 "Il terzo braccio del Bernini in Piazza San Pietro," ,1949, pp.129 ff。

28 雷塔广场的梯形形状由现存的梵蒂冈宫暗示出来，因此，伯尼尼利用了现有地段的优势，就像米开朗琪罗 100 多年前设计卡皮托林广场一样。

29 对于这种关系，我们可以提到对柱廊有趣的解释，柱廊是由一系列荣誉柱(honorary columns)组成的：世界通过一排排圣徒"滤入"这个广场。参见 See Maurizio 和 Marcello Fagiolo dell'Arco, Bernini, Rome, 1967, p.153。

30 阿尔甘，op. cit., p. 45。

31 参见 H. Hibbard, The Architecture of the Palazzo Borghese, Rome, 1962, pp.75 ff。

32 参见 C. Elling, Function and Form of the Roman Belvedere, Copenhagen,1950, p.44。

33 我们应当指出，17 世纪罗马的人口刚刚超过 100000 人。

34 我们已经提到，在这座马库斯·奥雷柳斯雕像竖立起来的时候，多数人认为它代表君

士坦丁，皮埃尔·拉韦丹忽略了卡皮托林广场，把这个皇家广场解释为与意大利文艺复兴广场（例如 Vigevano）和统治者雕像（例如，里沃尔纳的托斯卡纳费迪南德公爵雕像）的统一。参见 P·拉韦丹，Les Villes Francaises，Paris，1960，p. 128。

35 这座雕像是 1604 年受亨利夫人玛丽亚·德梅迪奇委托而建造的，最后在 1614 年国王去世后竖立起来。

36 圣路易岛的发展，第四国民学院（1662 年）和卢浮宫之间的横轴线，以及 18 世纪以来，这个岛上或者沿着这个岛的对称广场的不同方案（1765 年由帕特出版）可以在这种连接中提到。

37 这个三角形基础 1874 年被推倒，并且，这座建筑有了较大的改变。

38 这个皇家广场建于 1605—1612 年之间，它形成了一个 140m×140m 的广场，在法国革命之后，它被更名。

39 伊尼戈·琼斯（1631—1635 年）的女修道院花园明显源自巴黎的皇家广场。

40 这个项目由 Claude Chastillon 和 Jacques Alleaume 完成，他们和 Louis Metezeau 以及巴普蒂斯特·杜塞尔索都是国王的建筑师。然而，一般认为，国王本人才是真正的规划师，就像罗马的西克斯图斯五世一样。参见 A·布兰特，Art and Architecture in France 1500—1700，Harmondsworth，1957，p. 94。

41 P·拉韦丹，French Architecture，Harmondsworth，1956，p. 239。

42 参见 P·拉韦丹，Les Villes Fancaises，p. 120。

43 在其他领域，这个时代同样被称为丰富和多样性时代：在宗教方面，有 Francois de Sales，St. Vincent de Paul 和 Cornelis Jansen；在哲学方面，有笛卡儿；在文学方面，有 Corneille。

44 boulevard 这个词最初实际指的是城墙上平坦的顶面。

45 由于这个方案需要与具体的城市环境相适应，因此对称是不严格的，四组托斯卡柱式放置在街角，似乎形成广场，后来柱廊消失了，其他选择也使空间的建筑一致性丧失了。胜利广场直径 78m，立面比 15m 略高，它们的比例为 1:5，与阿尔贝蒂的原则相符，在路易十四的整个历史中，四个雕像分别代表：德国、皮埃蒙特、西班牙和荷兰。有关这个项目的整个历史，参见 P. Bourget 和 G. Cattaui，Jules Hardouin Mansart，Paris，1956，p. 99 ff。

46 1810 年法国革命将雕像破坏之后，拿破仑竖立起高的 Vendome 柱子，加上向南和向北的新街道，破坏了整体效果，这个广场的尺寸是 124m×140m。

47 在德尔波波洛广场和纳沃纳广场中，我们应当说空间与建筑是相互关联的。

48 其中有两座门保存了下来，其中一座是弗朗索瓦·布隆代尔设计的圣丹尼斯大门（the Porte St. Denis，1672 年），另一座是皮埃尔·比莱设计的圣马丁大门（the Porte St. Martin，1679 年）。两座门都以代表路易十四凯旋的浮雕装饰。

49 在同一时期，类似的现象可以在萨尔茨堡体验到，后来在维也纳也可以体验到。

50 广场从 1605 年开始建造，其中拱廊由公爵本人出资（pay for），使后来的建设者不得不跟随已经制定的方案。有关独立的城市建设历史，参见 A. Cavsllan - Murat 的三卷巨著，Forma Urhana ed Architettura nella Torino Barocca - Turin，1968。值得指出的是，1620 年，都灵的人口是 20000，1700 年人口 40000。

51 这个广场于 1637 年规划，1644 年在卡洛之子阿梅代奥·迪卡斯泰拉蒙特（1610—1683 年）的指导下开始建设，它的尺寸是 170m×76.7m。

52 罗马的解决方式比卡洛·迪卡斯泰拉蒙特的教堂晚。

53 高穹顶属于圣辛多内礼拜堂，1668 年由瓜里尼设计。1720 年尤瓦拉加高了钟塔。一组还包括瓜里尼的圣洛伦佐教堂，这座教堂位于皇宫的左翼和卡斯泰洛广场交接的地方。

54 一般来说，这种解决方式源自法国原形，特别是 1615 年萨洛蒙·德布罗斯在巴黎的迪卢森堡宫，用木材和石膏建造的塔毁于 1811 年的大火，屏风从此以后就被破坏了。

55 Porta di Po 在拿破仑时期与都灵的防御工事一同被毁。

56 花园在 1697—1698 年由勒诺特雷规划。

57 虽然时间较晚，建筑师 B. Alfieri 与维托齐和卡斯泰拉蒙特的精神非常接近。参见 Cavallari-Murat. op. cit. - p. 1282。

58 Cavallari-Murat，op. cit.，p.1050；op. cit. - p.1036。

59 这座教堂在 1584 年维托齐到达都灵后不久就开始建造，1596 年，他对靠近蒙多维的 Vicoforte 大朝圣教堂的规划作出了决定性贡献。

60 参见 A·卡斯塔蒙特，La Venaria Reale palazzo di piacere e di caccia ideato dall'altezza reale Carlo Emanuele II，Turin，1674。

61 有关凡尔赛的文学著作非常丰富，全面的介绍可以参见 B. Teyssedre，L'Art au siecle de Louis XIV，Paris，1967。

62 Bourget and Cattaui，op. cit.，pp. 113 ff。

63 G·C·阿尔甘，"Giardino e Parco，" Enciclopedia Universale dell'Arte，VI，Florence，1958，p.159。

64 "Man sucht also dreierlei: das Schmuckende, das Wohnliche und das Naturliche, eine Trilogie der Bedurfnisse . . ."，H·罗斯：Spatbarock，p.36。

65 参见 M. Fagiolo dell'Arco，"Villa Aldobrandina Tusculana，" Quaderni dell'Istituto di Storia dell'Architettura，XI/62 - 66，Rome，1964。

66 参见 E. de Ganay；Andre Le Notre，Paris，1962. H. M. Fox：Andre Le Notre，Garden Architect to Kings. London，1962. 有关巴洛克花园的现象，参见罗斯在 Spatbarock 所做的最完美的表现。

67 因此我们发现综合在方案中"基本方位点"（cardinal points）的旧母题，象征构成的"宇宙"（cosmic）特性。

68 参见 R. Blomfield，Sebastien le Prestre de Vauban，London，1938。

第三章

1 这种活动自然被引向罗马，少数一些占据领导地位的建筑师在罗马活动，但是却出生在那里，事实上，阐明了巴洛克运动一般的"超越个人"（super-personal）的特征。

2 对于这些术语，我们仅仅引入了一种权宜的划分，使之有可能组织严格复杂的程序。我们并不意指任何历史实体。

3 施图尔姆（Leonard Christoph Sturm）撰写了一本重要著作，Vollstandige Anweisung aller Arten von Kirchen wohl anzugeben，Augsburg，1718。

4 在额枋和檐壁在每个壁柱上断开，檐口连续穿过。然而，在帆拱下面有一个切口来消除强烈突出的角部，以便在十字和穹顶之间获得某种垂直连续性，这些在额枋和檐壁上的中断预示着一种趋势的开始，这种趋势就是朝向更加普遍的垂直综合。这个教堂的另一个特殊之处在于中厅部分引入了一条横轴线，这种想法在 17 世纪变得极为重要。

5 特别有趣的是 the Oratorians 建造的 S. Maria in Valicella（"Chiesa Nuova"，1575 年）和在圣查理·博罗梅奥追封为耶稣的圣者之后开始建造的圣卡洛·阿尔科尔索教堂（1612 年）以及 S. Ignazio（1626 年），这三者在建筑上都是普普通通的。

6 1689 年，the Theatine，来自那不勒斯的 P. Francesco Grimaldi 为这座教堂设计了一个方案，其采用的平面大概是源自贾科莫·德拉波尔塔同年创造的一种平面形式，中厅两个开间是 1600 年以前建造的，后者由马代尔诺主持建造，他完全忠实于德拉波尔塔的设计方案，只有穹顶带有马代尔诺的印记，参见 H. Hibbard，"The Early History of Sant' Andrea della Valle"，Art Bulletin，1961，Vol. XLIII，pp. 289 ff。

7 在较小的 S. Maria della Vittoria（1606 年）教堂中，马代尔诺重复了圣安德烈·德拉瓦莱教堂的一般系统。

8 穹顶始建于 1723 年，但是它重复了双柱母题，同样反映了来自米开朗琪罗圣彼得大教堂穹顶的影响。

9 参见 R. 威特科尔，Carlo Rainaldi，pp.258 ff。

10 辛德林－拉森，op. cit.，p.205。

11 勒·柯布西耶，op. cit.，pp.158 ff。

12 阿尔甘，op. cit.，p.45。

13 根据福斯特的记述，布拉曼特在他最后的设计方案中没有包括一个中厅，由于他不能指出任何确定文献记录的证据，因此这个问题仍未决定。参见 O·H·福斯特，Bramante，

Vienna,1956,pp.240 ff.,fig. 120。

14　"La facciata maderniana(1612) sacrifica ogni regola o tradizione proporzionale alla necessi-ta di non formare un impedimento ottico alla cupola: percio e bassa e larga,percio nell'ordine u-unico delle colonne Si sovrappone on alto ottico, che raccorda alla cupola il piano frontale... Costretto a correggere Michelangiolo, il Maderno lo fa con discrezione ammirevole, ma anche con acuta intelligenza critica ..." G·C·阿尔甘, L'architettura barocca in Italia. Milan,1960,p. 13。

15　伯尼尼建议通过一个深壁凹室把钟塔从立面(facade proper)上分离开来,这是一种具有创造性的解决方式(这个想法实际上被 K·I·丁岑霍费尔在布拉格的圣尼古拉斯教堂中使用过——1732 年的 Stare Mesto)。在马代尔诺设计它的正立面时,这种造型可塑性方面的自由度是难以置信的。

16　帕拉第奥的解决方式是引入一个巨大的柱式,表现中厅几乎没有受到巴洛克巴西利卡立面的影响(罗马圣卡洛·阿尔科尔索教堂巨大的柱式应当被认为极不合宜)。即使在 18 世纪,两层的类型也非常普遍。我们经常发现巨大的柱式一般与小的中心化教堂有机体有关,圣彼得教堂的解决方式是一个主要柱式加上一个阁楼,后来有些人追随这种解决方式。

17　这项委托 1646 年由勒梅西埃接手,此时建筑已经建造到了檐部。参见 A·布拉昂, "Mansart Studies I; The Val－de－Grace", Burlington Magazine,1963,p. 351 ff。

19　然而,芒萨尔的想法并没有在法国引发出任何创造性方案,虽然它们可能源自德洛尔姆在阿内的礼拜堂(1349—1352 年)。

19　佩鲁齐已经尝试使用椭圆形空间,塞利奥公布了椭圆形教堂的平面,维尼奥拉同样为耶稣教堂(Il Gesù,1658 年以前)设计了一个椭圆形方案。参见 W·洛茨, Die Ovalen Kirchenraume des Cinquecento。

20　大的椭圆形穹顶是由 Francesco Gallo 在 1728 年之后实施的。

21　一般来说,这种解决方式源自米开朗琪罗设计的大圣玛丽亚教堂(约 1560 年)的斯福尔扎祭坛。有关这座礼拜堂的历史,G·斯帕涅西的 Giovanni Antonio De Rossi. Rome, 1964.,pp.101ff.,是错误的。先前存在的沃尔泰拉和马代尔诺礼拜堂平面不同。

22　R·威特科尔, Art and Architecture in Italy 1600－1750, Harmondsworth. 1958 － p. 119。

23　参见 F. Borsi, La Chiesa di S. Andrea al Quirinale, Rome,1966。

24　SS. Annunziata in Parma 中有某种先例,Fornovo(1566 年)设计。它以一个横向的伪椭圆,也就是一个长方形加上两个半圆为基础。参见洛茨,op. cit.,pp.55 ff。伯尼尼的解决方案可能是因为狭窄的建筑地段造成的,但是我们应当提到,他已经在普罗帕冈达·菲德宫的礼拜堂中使用过横向椭圆(1634 年,波罗米尼,约 1654 年拆除)。

25　威特科尔, Art and Architecture in Italy,1600－1750,p.120。

26　这面墙最近已经缩短了,目的是为了拓宽前面的街道。

27　礼拜堂中出现的纵向椭圆在他的第三个方案中附着在卢浮宫上。

28　例如,我们可以讨论位于 Kappel 靠近 Waldsossen 的圣三一教堂,乔治·丁岑霍费尔(1685－1689 年)设计。

29　参见 P·史密斯, Mansart Studies III: The Church of the Visitation in the Rue St. An-toine,Burlington Magazine,1964,pp.202 ff。

30　1635年,芒萨尔为德布洛伊斯大别墅设计了一个较小的圆形礼拜堂,这里,椭圆形内殿可以用同样的方式连接到主空间上。

31　在较小的中心化教堂立面上使用简单壁龛的想法,可以追溯到阿尔贝蒂的"神庙－立面",贾科莫·德拉波尔塔在 Scala Coeli 的圣玛丽亚教堂(1582 年)作了最早的巴洛克尝试,同时,里基奥在米兰的 S. Pietro alla Rete 教堂(1623 年被毁)立面上引入了一个巨大的柱式。

32　教堂于 1747 年才建成,1823 年又被毁坏。

33　已经指出,只有 Brunelleschi 的某些作品中,主要空间才增加了一个小穹顶内殿,使用这种空间来引入一种纵向轴线的意图却源自 16 世纪。1561 年之后,一个带穹顶的内殿

被加入到 Pavia 的 S. Maria di Canepanova 教堂(1499 年)的八角形教堂上。参见 F. Fag-nani, S. Maria di Canepanova, Pavia, 1961。据我们所知,最早结合两个基本穹顶空间的尝试出现在安东尼奥·达·圣加洛设计的靠近 Montefiastone 的 S. Maria di Monte Moro 教堂(1526 年)。

34　特别表现在约翰·麦克尔·菲舍尔的作品中。

35　参见辛德林－拉森,op. Cit。

36　R·威特科尔,"S. Maria della Salute: Scenographic Architecture and the Venetian baroque," Journal of the Society of Architectural Historians, XVI(1957). Also Art and Archi-tecture in Italy 1600－1750,pp.191ff。

37　威特科尔,Art and Architecture in Italy 1600－1750,op. cit.,p. 192。

38　威特科尔,op. cit.,p.194。

39　一般来说,空间处理是附加的。在利贝拉尔·布卢盎礼拜堂,主神坛后面增加了一个教堂,一个"不完全的"圆形转换开间表明空间的相互渗透。重要的是注意这种特殊的解决方式用于定义纵向轴线,在教堂和旅馆中非常普遍。

40　立面是 1635 年至 1638 年间由 G.B. Soria 加上去的。

41　勒梅西埃从 1607 年至 1614 年在罗马停留。萨尔茨堡的菲舍尔·范埃拉赫的 Kol-legienkirche(1694—1707 年)也源自圣卡洛·阿伊·卡蒂纳里教堂。

42　参见 E. Hubala,"Entwurfe Pietro da Cortonas fur SS. Martina e Luca in Rom," Zeitschrift fur Kunstgeschichte, XXV,1962。P·波尔托盖西,"SS. Luca e Martina di Pietro da Cortona," L'architettura,IX,1963。

43　这种对应是大体而非准确的。20 世纪 30 年代以前,教堂都位于住宅中间,但是,可见部分需要符合这里叙述的原则。

44　米兰的 S. Maria di Loreto 采用了一种虽然不够成熟但是却相关的方式,里基奥设计(1616 年被毁),这里,用延伸拉伸一个希腊十字,使中厅变窄,袖廊变宽,因此穹顶成为一个纵向椭圆形。

45　参见 F. Fasolo. L'Opera di Hieronimo e Carlo Rainaldi. Rome,1960。威特科尔把双轴线的组织方式追溯到 Giovanni Magenta 设计的位于 Bologna 的 S. Salvatore(1605－1623 年)。1623 年,G·拉伊纳尔迪在同一城市建造了 S. Lucia 教堂,这也是在圣特雷莎教堂规划之后的事。

46　圣特雷莎教堂的双轴线布局有一些追随者,我们可以讨论 Torriani 设计的 S. Francesco di Paola(1624—1630 年)和 Peparelli 设计的 S. Salvatore in Campo(1639 年),两者均在罗马。这种方案也被卡洛·拉伊纳尔迪用在罗马的 Montepozio(约 1670 年)和 Chiesa del Sudario(1687—1689 年)。

47　参见诺伯格－舒尔茨,kilian Ignaz Dientzenhofer e il Barocco Boemo. Rome,1968 年, pp.164 ff。

48　G·C·阿尔甘,"S. Maria in Campitelli a Roma," L'architettura,VI,1960。

49　1668 年,S. Maria Maddalena 由卡洛·丰塔纳开始建设,但是,建设部分没有超过半圆形壁龛。1693 年,G·A·德罗西接手并为教堂设计了现在的平面。德罗西去世以后,它的学生 G·C·夸特罗将其建成,教堂于 1698 年 7 月 22 日举行落成典礼,立面是 1734 年至 1735 年由朱塞佩·萨尔迪增加的。

50　参见 G·斯帕涅西. Giovanni Antonio De Rossi,Rome,1964,pp. 204 ff。

51　P·波尔托盖西,Roma Barocca,Rome,1966,p. 155。

52　P·波尔托盖西引证,Borromini,Rome,1967,p.375。

53　P·波尔托盖西,Borromini nella Cultura Europea,Rome,1964,p. 32。

54　波尔托盖西,Borromini nella Cultura Europea,Plates B,C,D,E.。

55　威特科尔,Art and Architecture in Italy 1600－1730,op. cit.,pp.132ff。

56　这种解释是由汉斯·泽德尔迈尔作出的,它表明,即使是主神坛前面的栏杆也由同样的结构原则决定。参见 Die Architektur Borrominis,Munich,1930。

57　参见波尔托盖西,Borromini,op. cit.,pp. 30 ff。

58　波尔托盖西,op. cit.,Plate XXXII。

59 神坛墙面前放置的柱子是由后来阿尔库奇的干涉造成的。

60 F·波罗米尼,Opus Architectonicum,Rome,1723,p.11。

61 当然,任何空间都能够被理解成一种力域。波罗米尼让这种事实变得"可见"。参见 C·诺伯格－舒尔茨,《存在、空间和建筑》(Existence,Space and Architecture)。同时参见波尔托盖西的 Borromini,op. cit.,p.384。

62 有关萨皮恩扎宫更详细的历史,请参见 H. Thelen,"Der Palazzo della Sapienza in Rom," Miscellanea Bibliothecae Hertzianae, Munich,1961. 它的庭院系统可以追溯到 Guidetto Guidetti(1562),半圆形空间是由他的继任者 Pirro Ligorio 引入的,而德拉波尔塔在 1577 年至 1602 年间完成了大部分建设工作。1660 年,波罗米尼的教堂被用作祭祀。

63 F·波罗米尼,op. cit.,p.3。

64 有关平面的几何基础,参见波尔托盖西,Borromini nella Cultura Europea,op. cit.,Plates G,H,I。

65 类似圣伊沃教堂的垂直连续性出现在波希米亚的洛梅茨礼拜堂中,建于 1700 年之后不久,可能为 Giovanni Santini Aichel. In Santuario della Visitazione al Vallinotto, Vittone 重复使用了圣伊沃教堂的平面,但是却赋予它一种不同的垂直发展。

66 这项委托可以追溯到 1647 年,但是礼拜堂是 1660 年以后建成的,我们将在下一章讨论宫殿。

67 波尔托盖西(Borromini,p.159)已经设计出一种重建波罗米尼教堂的好方案。它采用一种雅致的交叉肋骨系统,坐落在透明天窗之上。

68 因此,文丘里最后的阐述与波罗米尼的作品绝妙地吻合:"Designing from the outside in,as well as from the inside out,creates necessary tensions,which help make architecture. Since the inside is different from the outside,the wall——the point of change——becomes an architectural event. Architecture occurs at the meeting of interior and exterior forces of use and space. These interior and environmental forces are both general and particular,generic and circumstantial." R·文丘里,《建筑的复杂性与矛盾性》(Complexity and Contradiction in Architecture),New York,1966,p.88 ff. The concept of "field"(campo) has been introduced by Portoghesi in Borromini,p.384。

69 参见 C·诺伯格－舒尔茨,Existence,Space and Architecture。

70 图解于 1686 年单独出版,题为 Disegni d'architettura civile ed ecclesiastica. 完整的版本出现在 1737 年,B. Vittone 编辑。

71 参见 F·圭多尼,"Modell Guariniani," Guarino Guarini e l'internazionalita del Barocco, Accademia delle Scienze di Turin,1970。

72 圭多尼指出,单元(cell)的概念被 R·胡克在他的 Micrographia(London,1665 年)中引入到自然科学中。圭多尼,op. cit.,p.39。

73 G·瓜里尼,Placita Philosophica,Paris,1663. p.755。引自圭多尼,op. Cit。

74 这座教堂的建成时间一般认为是 1680 年,瓜里尼在 1660 年之前可能到过里斯本,这使我们有理由推测出上面这个日期。这座教堂毁于 1755 年的地震。

75 这座区别可以追溯到 H·泽德尔迈尔,op. cit.,p.108,他把 Raumverschmelzung 描述为 "eine gesteigerte Form der Raumdurchdringung. Beispiel: S. Maria della divina providenza. Diese grossen Ovalzellen wurden,wenn man sie vervollkommt denkt,sich gegenseitig anscheniden. Aber anders als in dem Beispiel der Raumdurchdringung treffen die einzelnen Raumeinheiten nicht in einem klaren Schnitt aufeinander,sondern dort,wo die Zellen einander treffen, fiessen sowohl die Gewolbe wie auch die senkrechten Hullen der einen Raumeinheit in die der anderen in weicher Kurve uber."

76 圭多尼,op. cit.,p.7。

77 然而,从类型学上说,这座建筑非常传统。

78 在波罗米尼的一些教堂中,我们已经发现了一种类似的"开放性",但是却几乎没有一种类似的结构与"皮"的分离。

79 参见 D. De Bernardi Ferrero,"I Disegni d'Architettura Civile e Ecclesiastica "di Guarino Guarini e l Arte del Maestro,Turin,1966。

80 R·威特科尔,Art and Architecture in Italy 1600－1730,p.274。

81 参见 M.Passanti,"La Cappella della SS. Sindone in Torino di Guarino Guarini," L'architettura,VI,1961。

82 有关符号论(象征主义)的解释,参见 M. Fagiolo dell'Arco,La Geosofia del Guarini,Accademia delle Scienze di Turino,1970。

83 该建筑除了立面之外,其他部分于 1680 年建成。参见 G. Brotto,V. Todesco,S. Lorenzo a Torino,L 'architettura,VII,1961. Also G. Torretta,Un'analisi della cappella di S. Lorenzo,Turin,1968。

84 这条术语是由 Heinrich Gerhard Franz 引入的。

85 只有在今天,完整的含意才被理解并得到应用,特别是在保罗·波尔托盖西的建筑作品中,更是如此。

86 不幸的是这个方案始终未能实施。布拉格现有的 Theatine church 建于 1691 年至 1717 年间,它采用了一个较为传统的平面。立面是 Johann Santini Aichel 添加的。

87 G·瓜里尼,Architettura Civile I,iii。

88 福斯曼,op. cit.,p.91。

89 波罗米尼和瓜里尼可能经常首选更复杂的混合柱式。

90 阿尔甘,L 'Europa delle Capitali 1600－1700,p.106。

第四章

1 因此,科尔贝特这样谈论伯尼尼的卢浮宫方案:"The Cavaliere has planned banqueting halls and filled the rest with immense rooms. But for the personal well－being of the King he has not done anything." 尚特卢,op. cit.(Colbert's answer to Chantelou' petition of 15 June 1668)。

2 在一些实例中,庭院设计成圆形,以便强调它的基本特色,这些实例包括:布拉曼特的 S. Pietro in Montorio 方案,维尼奥拉的卡普拉罗拉宫殿和马丘卡在格拉纳达的查理五世宫。

3 在后来的著作中,这种解决方式被称为半双廊(appartement-semi-double)。

4 第一个重要的例子是 Medici-Riccardi 宫,由 Michelozzo 设计(约 1444—1464 年)。

5 阿尔贝蒂在鲁切拉伊宫(约 1450 年)已经引入了叠合柱式。16 世纪意大利艺术中最有趣的尝试出现在拉斐尔、佩鲁齐、朱利奥·罗马诺、圣米凯利、圣索维诺和帕拉第奥的作品中。

6 第一个重要的例子是巴尔达西尼宫(1512 年)。这种解决方式给拉斐尔在佛罗伦萨未完成的潘多菲尼宫(1520 年)提供了最好的解释。

7 米开朗琪罗修改了顶层的处理方式。

8 但是,底层部分对卡埃塔尼宫带那种水平连续性的隐约回应仍然存在。

9 有关这座宫殿的完整历史,参见 H. Hibbard,The Architecture of the Palazzo Borghese, Rome,1962。

10 在一些设计方案中,圣加洛尝试使用一种更规则的布局方式,例如,富丽堂皇的罗马德梅迪奇宫(1513 年)设计,已经预示出某种晚期巴洛克的观念。参见 G. Giovannoni,Antonio da Sangallo il Giovane,Rome,1959,fig. 239。罗马人忽视室内和室外之间的联系,这一点在波罗米尼的菲利皮尼教堂最后的解决方式以及他的圣玛丽亚·代塞特·多洛里教堂中仍然表现出来。但是后者表现出一种新类型的联系,我们称之为"补足关系"。

11 在 1850 年科穆内接手之后,宫殿的后面部分被封闭了。参见 L. Vagnetti and others, Genova,Strada Nuova,Genoa,1967,p.215。

12 参见 A·布兰特,"The Palazzo Barberini," Journal of the Warburg and Courtauld Institutes,XXI,1958。

13 一般来说,帕拉第奥的大多数别墅都采用了类似的布局,有关法尔内西纳,参见 C. L. Frommel,Die Farnesina und Peruzzis Architektonisches Fruhwerk,Berlin,1961。

14 对主轴线的突破于 1670 年完成,可能也是由伯尼尼完成的。马代尔诺可能在椭圆形房间后面设计了一个小 giardino segreto,而伯尼尼设计的最初方案从柱廊到花园没有任何开口。参见 F. Hempel,Francesco Borromini,Vienna,1924,p. 26。

15　阿尔甘,L 'Europa della Capitali 1600 – 1700,p. 18。

16　参见 F. Borsi,Il Palazzo di Montecitorio,Rome,1967。

17　有关卢浮宫方案的著作相当丰富,最重要的来源是 M·德尚特卢,Journal du voyage du cav. Bernin en France(1665). Paris,1885。

18　有关 A·拉普拉德的调查已经表明,克洛德·佩罗对这个设计发挥的作用不大,这个设计是从勒沃那里得到委托,但是主要由多尔贝实施。参见 A·拉普拉德,Francois d'Orbay,Paris,1960。

19　这个设计可能受到勒波特雷设计的理想大别墅方案的影响,这个理想方案发表在他的 Dessins de plusieurs palais(1652 年)中。阁楼被科尔贝特误认为是一个不正确的法国皇冠的表现。参见 R. W. Berger,"Antoine Le Pautre and the Motif of the Drum – Without – Dome," in Journal of the Society Of Architectural Historians,XXV,1966/3。

20　注意拱廊如何以柱子结束,并在视觉上与"厚重的"侧翼结合起来。

21　威特科尔,Art and Architecture in Italy 1600 – 1750,p.125。

22　科尔托纳方案的首层没有保存下来。

23　P·波尔托盖西,"Gli Architetti Italiani per il Louvre," Saggi di Storia dell'Architettura in onore del professor Vincenzo Fasolo,Rome,1961,p. 746。

24　事实上,勒沃和 F·芒萨尔的初步设计同样有一个"没有穹顶的鼓座",上面是一个椭圆形门廊。有关这个问题的讨论,参见 Berger. op. cit。

25　参见波尔托盖西,op. cit.,p.254。

26　这里讨论的方案可以追溯到约 1644 年。参见波尔托盖西,Borromini,p. 172。

27　普罗帕冈达·菲德宫的最后方案可能是在 1654 年之后确定的,建于 1660 年至 1664 年之间。参见波尔托盖西,op. cit.,pp.277 ff。

28　朝向花园开放的一侧后来被封闭了。

29　这种解决方式的灵感显然来自伯尼尼的第一个卢浮宫设计方案:瓜里尼对空间关系的处理方式更加自由,并且获得了元素之间一种更加先进的相互关系。

30　K·I·丁岑霍夫尔的布拉格 Customs-house 方案(约 1726 年)对此有最广泛的应用。参见 C·诺伯格-舒尔茨,Kilian Ignaz Dientzenhofer il Barocco Boemo,Rome,1968,p.92。

31　拉韦丹,French Architecture,p. 194。

32　事实上,它在罗马宫殿的外部有顶木制阳台上变得非常普遍,特别是在角落部分,这样允许很好地观赏街景。

33　尚博尔的城堡可能是由意大利人多梅尼科·达·科尔托纳设计的,但它的建筑类型完全是法国式的,只有叠合古典柱式谨慎连接的使用背离了意大利的手法。这个例子很典型:意大利旅行建筑师经常携带连接手法而不是固定的建筑类型。

34　参见 A·布兰特,Philibert de l'Orme,London 1958,pp.28 ff。

35　参见 A·布兰特,op. cit.,pp.80 ff。

36　这座大别墅只有小部分片断仍然存在。德布罗斯的方案发表在 J·马罗的 Recueil des Plans,Profils et Elevations(1654 年之后)中,1969 年重印。对于粗重石材料的广泛应用明显可以追溯到意大利模型,例如佛罗伦萨皮蒂宫的庭院。

37　参见 A. Roussy,Le Palais du Luxembourg,Paris,1962。革命之后,这座宫殿成为参议院,1837 年,A. De Gisors 开始在主轴线上建造一个大的集会厅。它覆盖了一个大花园立面,一般认为是德布罗斯原始立面的复制品。

38　这种想法有先例。在尚博尔我们已经发现了一个分离出来的角公寓。

39　引自拉韦丹,op. cic.,p. 198。

40　奥尔良侧翼仅仅是一个更大平面的片断,它将使布洛伊斯成为卢森堡宫的一个更宏伟更具有纪念性的版本。参见 A·布兰特,Francois Mansart,London,1941。

41　很有可能,芒萨尔的作品可能是瓜里尼垂直组织空间的灵感源泉之一。

42　参见 J. Stern,Le Chateau de Maisons,Paris,1934。

43　这座宫殿在法国革命期间被毁。参见 J·马罗,op. cit。

44　1645 年,伯尼尼自己成熟的风格尚未形成。

45　沃－勒－维孔特的历史是众所周知的。"1661 年 8 月 17 日,富凯在这里宴请国王、王后、Mlle de la Valliere 和全体宫廷成员,在享用 Vatel 准备的晚餐过后,为他们推出了一个新的喜剧－芭蕾舞 Les Facheux,由 Moliere 特别为这个场合作词,Lebrun 设计舞台美术,Lully 作曲,在座的富凯的诗人 La Fontaine 描绘了这个夜晚,晚会以壮丽辉煌的烟火表演结束。三个星期之后,富凯因挪用和侵吞财产而被逮捕,他的所有财产都被查充公,它的敌人和破坏者科尔贝特接管了他的艺术家,并且让他们为国王服务。"参见 A·布兰特,Art and Architecture in France 1500 – 1700,p.137。

46　在巴黎的迪雅尔旅馆(1648 年),弗朗索瓦·芒萨尔已经引入了一个双主体居住建筑。

47　有关一般情况,参见 J·F·布隆代尔,L'architecture francaise,VI,Paris,1725 – 1756。

48　引自 H·罗斯,op. cit.,p.175。

49　拉韦丹,op. cit.,p.197。

50　有关使用情况的详细描述,参见 A·C·达维莱,Cours d'Architecture,Paris,1691,new edition 1720。

51　H·罗斯,op. cit.,p. 178 ff。

52　在他的 Cours d'Architecture 中,达维莱将马厩和庭院综合起来,并称…"j'ay prefere la symetrie et la magnificence a une distribution plus menagee comme par exemple,s'il y avoit sur la meme etendue de place une Basse – cour separee pour les Ecuries & Remises…"(p. 172)。

53　假设庭院系统源自德布罗斯设计的德布伊隆旅馆(1613 年)似乎是合理的,花园立面可能是 1623 年勒梅西埃扩建这座建筑时设计的。

54　这座旅馆 19 世纪被推倒。

55　在 Cours d'Architecture 一书中,它被达维莱采用,并作为他的"标准"旅馆。

56　这座旅馆被以 Hotel de Toulouse 的名称大量重建,今天成为 Banque de France 的一部分。

57　这座建筑没有什么保存下来。

58　Bautru 旅馆可能是由勒沃建于 1634 年之后,但是仍然表现出一种过时的装饰性手法(参见 G. Pillement,Paris disparu,Paris,1966,p. 122)。勒沃在 30 年代可能设计了 d'Aumont 旅馆。这座建筑 1649 年建成。在风格上,它向坦博尼乌旅馆的简洁朴素迈出了重要一步。

59　我们在 d'Aumont 旅馆、雷纳西和沃－勒－维孔特发现了断裂的屋顶。沃－勒－维孔特角部的亭子有一个陡峭的屋顶,它(和巨大的柱式一起)定义为一个"塔",围绕大体量的主体居住建筑。因此,在勒沃在运用柱式的时候,虽然打破了传统规则,但是却带有更多的理解。

60　J·F·布隆代尔确认小柱式应当用在能够从附近看见的墙上,而从远处看到的立面应当使用巨大的柱式。参见 Cours d'Architecture,III,Paris,1772。

61　布兰特认为勒沃对柱式的使用是"错误"的,并且"表现出缺乏对整体造型统一性的感觉"……(Art and Architecture in France,p. 134)。对勒沃作品的结构分析表明,他的连接是由整体来确定的,而且,在 17 世纪的建筑师中,他是最富有成就的改革者。

62　这座建筑毁于 1827 年。参见 Pillemont,op. cit.,p. 136。

63　envelloppe 的设计方案始于 1667 年,并且在 1669 年与一个较大的方案综合起来。勒沃于 1670 年去世。弗朗索瓦·多尔贝在发展这个设计,特别是在花园立面的设计中充当了重要角色。参见 A·拉普拉德,Francois d'Orbay,Paris,1960。

64　勒沃使用整齐的窗户,但是阿杜安－芒萨尔显然要进一步增加采光玻璃面积。他获得了单体重复的韵律,而不是一条连续的水平线条。

65　这座宫殿毁于法国革命期间。

66　这座宫殿毁于法国革命期间。

67　在他少量的城市－宫殿作品中,阿杜安－芒萨尔显然没有意识到同样的扩展思想。他的基本意图表现得非常明显,因为他试图把建筑转变成一个"透明的"骨架(Hotel de Lorge,1670)。后来为"Maison a batir"(see Bourget/Cattaui:op. cit.,p.152)设计的一个项目表现出一个布局很好的平面,带有双主体居住建筑和一条替换的主轴线。

68　因此，达维莱说，柱式是值得称颂的，因为它们以"sur les raisons les plus vraysemblables de la nature,sur la doctrine de Vitruve,& sur les exemples des plus excellens Edifices de l'Antiquite."为基础。A·C·达维莱，Les cinq orders d'Architecture de Vincent Scamozzi,Paris,1685,Preface。

第五章

1　有关"环境"的一般理论，参见 T. Parsons, Societies, New York,1960。同时参见 A. Rapoport,House Form and Culture,New York,1969。

2　有关德拉波尔塔的专著仍然缺乏。在 1912 年，乔万尼已经论述道："...egli puo dirsi la figura centrale del periodo di transizione che va dall'architettura del '500a quella del '600... nella sua fecondita straordinaria traduce i nuovi concetti e le nuove forme in cosi molteplici applicazioni pratiche da rendere poi agevole il lavoro di tontinuazione"(G. Giovannoni,"Chiese della seconda meta del '500 in Roma,"L'Arte,XV－XVI,1912－13)。

3　R·威特科尔，Art and Architecture in Italy 1600－1750,p.73。

4　就我们的知识而言，三个柱子一组的母题再也没有重复过。在约翰·麦克尔·菲舍尔设计的 Zwiefalten 修道院教堂(1740—1765 年)中，入口侧面是三个柱子一组，包括一个壁柱和两个柱子。

5　威特科尔，op. cit.,p.115。

6　波尔托盖西，Roma Barocca,p.86。

7　参见 E. Panofsky,"Die Scala Regia im Vatikan und die Kunstanschauungen Bernini's,"Jahrbuch der preussischen Kunstsammlungen,1919。

8　基利安·伊格纳茨·丁岑霍费尔在布拉格的 St. Nicholas/Mala Strana(1739 年)中重复使用了这种一般母题。

9　在他后来的耶稣和阿尔·科尔索教堂(1670—1680 年)中出现了令人信服的简化和综合。

10　这座别墅在 17 世纪末期已经成为废墟，但我们可以从一些印刷品中了解它。

11　有关科尔托纳的专著，特别是带有令人满意的作品分析的专著仍然缺乏。

12　类似的意图在罗马和拜占庭艺术之后也有发现。事实上，路易十四模仿了古罗马的象征主义。

13　类似的过程在中世纪已经开始发生。当时，"古典的"地中海巴西利卡和地方的"日耳曼"类型结构融合起来。参见 W. Horn,"The Origins of the Medieval Bay System,"in Journal of the Society of Architectural Historians,XVII/2。

14　立面由 Clement Metezeau 建造，有可能是根据德布罗斯的设计方案建造的。

15　这种母题在卢浮宫的院子(1546 年)中已经由莱斯科表现出来，并且由德洛尔姆在达内特(1550 年)完整地加以发展。

16　参见 A·布拉昂和 P·史密斯，"Mansart-Studies V:The Church of the Minimes,"Burlington Magazine,1965,pp.123ff。只有少部分立面片断保留下来。

17　这座建筑由弗朗索瓦·多尔贝实施，他对教堂细部作出了重要贡献。参见 A·拉普拉。

18　布兰特，Art and Architecture in France 1500－1700,p.130。

19　一般来说，这应当归功于业余爱好者克洛德·佩罗，因为他具备丰富的"考古学知识"。A·拉普拉德(op. cit.)已经把他的贡献降低到了它的真正程度，也就是什么也没有。弗朗索瓦·多尔贝 1659 年至 1660 年间在罗马学习，显然在从 F·芒萨尔和勒沃的"盛期巴洛克"到阿尔维安－芒萨尔的新手法的转化年代充当了决定性的角色。多尔贝还可能是 Observatoire in Paris(1668 年)的作者，这本书一般被认为是佩罗的作品。

20　参见 R.W. Berger,Antoine Le Pautre,New York,1969。

21　A·布兰特，op. cit.,p.216。

22　即使是因瓦尔德斯大教堂也是代表国家而不仅仅是教堂。

23　一般性调查参见 G. Kubler 和 M. Soria,Art and Architecture in Spain and Portugal 1500－1800,Harmondsworth,1959。

24　这种想法在西班牙非常普遍，并且在 Narciso Tome 设计的托莱多大教堂(1721—1732 年)的 Transparente 中达到顶点。

25　J·萨默森，Inigo Jones,Harmondsworth,1966,p.139。有关这种方法和帕拉第奥建筑原则的比较，参见 R·威特科尔，Architectural Principles in the Age of Humanism,London,1949。

26　因此，这座建筑可以成为后来雷恩宏伟计划的一个自然组成部分。

27　J·萨默森，op. cit.,p.89。

28　J·萨默森，op. cit.,p. 154。

29　引自 P. Murray,A History of English Architecture,Part II,Harmondsworth,1962,pp. 188 ff。

30　引自 Murray,op. cit.,p.193 ff。

31　P. Murray,op. cit.,p.197。

32　约翰·萨默森(op. cit.,p.132)盛赞这些"丰富而灿烂的细部"，他说"整个圣保罗大教堂的立面构思，事实上是把宴会住宅'发展到'一个新的纪念性层面"。事实上，雷恩犯了 100 多年前安东尼奥·达圣加洛在罗马的圣彼得教堂设计中已经犯过的错误，当他试图用从比它小得多的建筑中借来的元素连接一个极大的建筑时，圣保罗教堂的弱点不是细部的问题，而是尺度的问题。

33　J·萨默森，op. cit.,p.133。

34　这座建筑 1952 年被焚毁。

35　参见 G.L. Burke,The Making of Dutch Towns,London,1956。

36　这座教堂在 1567 年已经被毁。

37　有关这个题目的一般介绍，参见 T. Paulsson,Scandinavian Architecture,London,1958。

38　有关邦德宫和这个时代其他瑞典建筑的原始外观，参见 F. Dahlberg,Svecia Antiqua et Hodierna,new edition Stockholm,1924。

39　特辛在 1651 年至 1653 年参观了意大利、法国和荷兰。它的宗教建筑主要反映出来自意大利的影响，而他的世俗建筑则是以法国和荷兰的建筑为原形。在斯德哥尔摩的 Baat 宫(1662 年)，他引入了接待前院和勒沃的巨大柱式。但是他的皇家银行宫殿(Royal Bank)(1668 年)具有罗马特征。

40　有关小特辛，参见 R·约瑟夫森的大型专著，Tessin,2 vol.,Stockholm,1930—1931。

41　约瑟夫森，op. nlt.,I,fig. 148。

42　1704 年，特辛为卢浮宫设计了一个宏伟的方案，把庭院转变成一个圆形空间，在多尔贝的立面上增加侧翼来形成一个接待前院。

43　这些墙面尺寸已经不复存在。

44　菲舍尔·埃拉赫的作品 Hildebrandt,the Dientzenhofers 和 the Vorarlberg builders,将在有关这一历史的下一卷中加以讨论。

45　参见 D. Kessler,Der Dillinger Baumeister Hans Alberthal,Dillingen,1949. 1654 年瑞典军队洗劫这座城市时，位于 Eichstatt 的教堂被大火焚毁，后来根据原来的平面重建。

46　宗教改革运动同样带来了更传统的意大利教堂类型，我们可以把 Santino Solari 设计的萨尔茨堡大教堂(1614—1628 年)作为例子加以讨论。

47　在 1673 年卡洛·丰塔纳到达布拉格时，马太在罗马学习，在那里，他一直到了 1695 年去世前不久。

48　17 世纪末期，在中欧工作的意大利建筑师中，马丁内利是最有资历的。他和卡洛·丰塔纳一起在罗马学习(1678 年)。并且在迪圣卢卡学院任教。

49　侧翼是后来由约瑟夫·伊曼纽尔·菲舍尔·范埃拉赫添加上去的。U 形布局在波西米亚的 the palaceat Roudnice(1652—1684 年)中已经出现过，可能由弗朗切斯科·卡拉蒂设计。

50　塔和穹顶都由恩里科·祖卡利完成，而立面由 Francois de Cuvillies 于 1765—1768 年完成。

51　这座宫殿在 1674 年之后由祖卡利继续建造，再后来由 Viscardi 和 Effner 继续下去。

52　在职业生涯的最后阶段，施吕特在柏林为 Von Kamecke 建造了一个更加敏感的、波罗米尼式的花园宫殿(1711—1712 年)。

53　因此,Werner Hager 说:"Das Leben in Europa erscheint uns zu jener Zeit von einem kunstlerischen Impuls so durchdrungen und durchwirkt,dass das historische Gesamtbild davon bestimmt wird."(Barorkarchitektuv,Baden – Baden,1968,p.5)。

54　笛卡儿、斯宾诺莎、莱布尼茨都创造出中心化(例如,教条的)、综合和扩展的("开放的")系统。其中笛卡儿的系统较为理性,斯宾诺莎的系统较为静态,而莱布尼茨的系统较为动态。

55　A. Hauser,The Social History of Art,Vol.II,London,1962,p. 167。

56　这种结构也见于"较低"的层面,弗朗索瓦·芒萨尔教堂中的对角轴线因此可以与城市的圆形广场进行比较。

57　因此,在荷兰艺术中,无限更主要地表现在油画而非建筑中。

58　认识到巴洛克建筑是现代建筑的"事实要素"(constituent facts)之一,应当归功于西格弗里德·吉迪翁,Space,Time,Timeand Architecture,Cambridge,Mass.,1941。

参考文献

SOURCES

BLONDEL A., *Cours d'architecture*, Paris, 1675.

BORROMEO C., *Instructiones Fabricae et Suppellectilis Ecclesiasticae*, Milan, 1577.

BORROMINI F., *Opera et Opus Architectonicum*, Rome, 1722-25.

CAMPBELL C., *Vitruvius Britannicus*, London, 1715-25.

CHANTELOU P.F. de, *Journal du voyage du Cav. Bernin en France (1655)*, Paris, 1885.

DAHLBERG E., *Suecia antiqua et hodierna*, Stockholm, 1716.

DAVILER A.C., *Cours d'architecture*, Paris, 1691.

DE ROSSI D., *Studio d'architettura civile*, Rome, 1702-21.

DE ROSSI G., *Insignium Romae Templorum*, Rome, 1684.

GUARINI G., *Architettura civile*, Turin, 1737.

LE PAUTRE A., *Les Oeuvres d'Architecture*, Paris, 1652.

MARIETTE J., *L'architecture française*, Paris, 1727.

MAROT J., *L'architecture française*, Paris, c. 1660.

MAROT J., *Recueil des plans, profils et élévations*, Paris, c. 1654.

Theatrum Statum Regiae Celsitudinis Sabaudiae Ducis, Amsterdam, 1682.

MODERN WORKS

ARGAN G.C., *Borromini*, Verona, 1952.

ARGAN G.C., *L'architettura barocca in Italia*, Milan, 1957.

ARGAN G.C., *The Europe of the Capitals 1600-1700*, New York, 1964.

BATTISTI E., *Rinascimento e Barocco*, Turin, 1960.

BERGER R., *Antoine Le Pautre*, New York, 1970.

BLUNT A., *Art and Architecture in France 1500-1700*, Harmondsworth, 1957.

BLUNT A., *Artistic Theory in Italy 1450-1600*, Oxford, 1956.

BLUNT A., *François Mansart*, London, 1941.

BORSI F., *Il palazzo di Montecitorio*, Rome, 1967.

BORSI F., *La chiesa di S. Andrea al Quirinale*, Rome, 1966.

BOURGET P., and CATTAUI G., *Jules Hardouin-Mansart*, Paris, 1956.

BRAHAM A., and SMITH P., "Mansart Studies I-V" in *Burlington Magazine*, 1963-65.

BRAUER H., and WITTKOWER R., *Die Zeichnungen des Gianlorenzo Bernini*, Vienna, 1931.

BRAUN J., *Die belgischen Jesuitenkirchen*, Freiburg, 1907.

BRINCKMANN A.E., *Die Baukunst des 17. und 18. Jahrhunderts in den romanischen Ländern*, Berlin, 1919.

BUSCH H., and LOHSE B., *Baroque Europe*, New York, 1962.

CAFLISCH N., *Carlo Maderno*, Munich, 1934.

CARBONERI N., *Ascanio Vitozzi*, Rome, 1964.

CAVALLARI-MURAT A., *Forma urbana ed architettura nella Torino barocca*, Turin, 1968.

COUDENHOVE-ERTHAL E., *Carlo Fontana und die Architektur des Römischen Spätbarocks*, Vienna, 1930.

DE BERNARDI FERRERO D., *I 'Disegni d'architettura civile ed ecclesiastica' di Guarino Guarini e l'arte del maestro*, Turin, 1966.

DE LOGU, *Architettura italiana del Seicento e del Settecento*, Florence, 1935.

Dizionario Enciclopedico di architettura e urbanistica, ed. by P. PORTOGHESI, Rome, 1968-69.

DONATI U., *Artisti ticinesi a Roma*, Bellinzona, 1942.

DONATI U., *Carlo Maderno*, Lugano, 1957.

D'ONOFRIO C., *Le Fontane di Roma*, Rome, 1957.

DOWNES K., *English Baroque Architecture*, London, 1966.

ELLING C., *Form and Function of the Roman Belvedere*, Copenhagen, 1950.

FAGIOLO DELL'ARCO M., *Bernini*, Rome, 1967.

FAGIOLO DELL'ARCO M., "Villa Aldobrandina Tuscolana," *Quaderni dell'Istituto di Storia dell'Architettura*, Rome, 1960.

FOKKER T.H., *Roman Baroque Art*, Oxford, 1938.

FORSSMAN E., *Dorisch, Ionisch, Korintisch*, Stockholm, 1961.

FOX H.M., *André Le Nôtre*, London, 1962.

FRANCK C., *Die Barockvillen in Frascati*, Munich, 1956.

FÜRST V., *The Architecture of Sir Christopher Wren*, London, 1956.

GALASSI-PALUZZI C., *Storia segreta dello stile dei Gesuiti*, Rome, 1951.

GANAY E. DE, *André Le Nôtre*, Paris, 1962.

GERSON H., and TER KUILE E.H., *Art and Architecture in Belgium 1600-1800*, London, 1960.

GIEDION S., *Space, Time and Architecture*, 5th edition, Cambridge, Mass., 1967.

GRIMSCHITZ B., *Johann Lukas von Hildebrandt*, Vienna, 1959.

GRISERI A., *Le metamorfosi del barocco*, Turin, 1967.

Guarino Guarini e l'internazionalità del barocco, ed. by V. VIALE, Turin, 1970.

HAGER W., *Barockarchitektur*, Baden-Baden, 1968.

HAUSER A., *The Social History of Art*, London, 1962.

HAUTECOEUR L., *Histoire de l'architecture classique en France*, 4 vols., Paris, 1943-57.

HEMPEL E., *Baroque Art and Architecture in Central Europe*, Harmondsworth, 1965.

HEMPER E., *Carlo Rainaldi*, Munich, 1919.

HEMPEL E., *Francesco Borromini*, Vienna, 1924.

HIBBARD H., *Bernini*, Harmondsworth, 1965.

HIBBARD H., *The Architecture of the Palazzo Borghese*, Rome, 1962.

HITCHCOCK H.-R., *Rococo Architecture in Southern Germany*, London, 1969.

HOFFMANN H., *Hochrenaissance, Manierismus, Frühbarock*, Zurich, 1938.

JOSEPHSON R., *Tessin*, 2 vols., Stockholm, 1930-31.

KESSLER D., *Der Dillinger Baumeister Hans Alberthal*, Dillingen, 1949.

KUBLER G., and SORIA M., *Art and Architecture in Spain and Portugal 1500-1800*, Harmondsworth, 1966.

LAPRADE A., *François d'Orbay*, Paris, 1960.

LAVEDAN P., *French Architecture*, Harmondsworth, 1956.

LAVEDAN P., *Les Villes Françaises*, Paris, 1960.

MAHON D., *Studies in Seicento Art and Theory*, London, 1947.

Manierismo, Barocco, Rococò. Concetti e termini, Accademia Nazionale dei Lincei, Rome, 1962.

MARCONI P., "La Roma del Borromini," in *Capitolium*, Rome, 1967.

MILLON H., *Baroque and Rococo Architecture*, New York, 1961.

MORTON H.V., *Fountains of Rome*, New York, 1966.

Mostra del barocco piemontese, catalogo, ed. by V. VIALE, Turin, 1963.

MÜLLER L.P., *Bartolomeo Bianco*, Rome, 1968.

MUÑOZ A., *Roma barocca*, Milan, 1928.

NOEHLES K., "Die Louvre-Projekte von Pietro da Cortona und Carlo Rainaldi," in *Zeitschrift für Kunstgeschichte*, 1961.

NOEHLES K., *La Chiesa dei Santi Luca e Martina nell'opera di Pietro da Cortona*, Rome, 1970.

NORBERG-SCHULZ C., *Kilian Ignaz Dientzenhofer e il barocco boemo*, Rome, 1968.

L'opera di Carlo e Amedeo di Castellamonte, ed. by G. BRINO, A. DE BERNARDI, G. GARDANO..., Turin, 1966.

PANE R., *Architettura dell'età barocca in Napoli*, Naples, 1939.

PASSANTI M., *Nel mondo magico di Guarino Guarini*, Turin, 1963.

PAULSSON T., *Scandinavian Architecture*, London, 1958.

PILLEMENT G., *Les Hôtels de Paris*, Paris, 1945.

PILLEMENT G., *Paris disparu*, Paris, 1966.

POMMER R., *Eighteenth-Century Architecture in Piedmont*, New York, 1967.

PORTOGHESI P., *Borromini nella cultura europea*, Rome, 1964.

PORTOGHESI P., *Roma barocca*, Cambridge, Mass., 1971.

PORTOGHESI P., *The Rome of Borromini*, New York, 1968.

PORTOGHESI P., "Gli architetti italiani per il Louvre," in *Saggi di storia dell'architettura*, Rome, 1961.

RIEGL A., *Die Entstehung der Barockkunst in Rom*, Vienna, 1923.

ROSE H., *Spätbarock*, Munich, 1922.

ROSENBERG J., SLIVE S., and TER KUILE E.H., *Dutch Art and Architecture 1600-1800*, Harmondsworth, 1966.

SEDLMAYR H., *Die Architektur Borrominis*, Munich, 1930.

SEDLMAYR H., *Johann Bernhard Fischer von Erlach*, Vienna, 1956.

SEKLER E.F., *Wren and His Place in European Architecture*, New York, 1956.

SEMENZATO C., *L'architettura di Baldassare Longhena*, Padua, 1954.

SPAGNESI G., *Giovanni Antonio De Rossi*, Rome, 1964.

STERN J., *Le Château de Maisons*, Paris, 1934.

Studi sul Borromini, Accademia di San Luca, Rome, 1967.

SUMMERSON J., *Architecture in Britain 1530-1830*, Harmondsworth, 1953.

SUMMERSON J., *Inigo Jones*, Harmondsworth, 1966.

SUMMERSON J., *Sir Christopher Wren*, London, 1953.

TAPIÉ V., *The Age of Grandeur: Baroque Art and Architecture*, New York, 1966.

TEYSSÈDRE B., *L'art du siècle de Louis XIV*, Paris, 1967.

VAGNETTI L., *Genova. Strada Nuova*, Genoa, 1967.

WACKERNAGEL M., *Die Baukunst des 17. und 18. Jahrhunderts in den germanischen Ländern*, Berlin, 1915.

WITTKOWER R., *Art and Architecture in Italy 1600-1750*, Harmondsworth, 1958.

WITTKOWER R., "Carlo Rainaldi and the Roman Architecture of the Full Baroque," in *Art Bulletin*, 1937.

WÖLFFLIN H., *Renaissance and Baroque*, Ithaca, 1966.

英汉名词对照

212

216

218

照片来源

注：本书插图照片大部分由佩皮·梅里西奥摄影。在此向下面列出的所有其他来源的照片摄影者表示感谢。列出的数字为照片所在的图号。

Alinari, Florence: 80, 195, 203, 266, 275

Anelli, S., Electa Editrice, Milan: 13, 14, 17, 27, 57, 59, 65, 66, 82, 83, 194, 196, 202, 204, 215, 237

Archivio fotografico Gallerie e Musei Vaticani, Rome: 12

Biblioteca Ambrosiana, Milan: 223, 224, 250

Biblioteca Apostolica Vaticana, Rome: 15, 159, 160, 213, 214

Biblioteca Reale, Turin: 51

Bighini, Otello, Madrid: 287, 289

Birelli, D., Mestre: 97, 274

Bruno, G., Mestre: 52, 53, 54, 55, 56, 58, 88, 180, 184, 186, 187, 189, 219, 220, 221

Bulloz, Paris: 11

Cassa di Risparmio delle Province Lombarde, Archivio fotografico: 94

Connaissance des Arts, J. Guillot, Paris: 90, 278

Editions Vincent-Fréal, Paris: 102

Foto Mas, Barcelona: 288

Keetman, J., Bavaria Verlag, Gauting (West Germany): 307

Keetman, P., Bavaria Verlag, Gauting (West Germany): 312

Lennart af Petersens, Stockholm: 306

Mairani, G., Milan: IV

Musée du Louvre, Cabinet des Dessins, Paris, Musées Nationaux: 205, 211

Nationalmuseum, Stockholm: 305

Norberg-Schulz, Ch., Oslo: 18, 33, 74, 81, 300, 304, 313,

Photographie Giraudon, Paris: 229, 276, 280

Photo Meyer, Vienna: 311

Richard, J., Paris: 3

Rijksdienst v.d. Monumentenzorg, The Hague: 301, 303

Savio, O., Rome: 127, 147, 163, 270, 271

Schmidt-Glassner, H., Stuttgart: 231

Sheridan, R., London: 292, 293, 297, 299

Staatliche Museen, Kunstbibliothek, Berlin: 315

Staatliche Schlösser und Gärten, Berlin: 314

University Press, Oxford: 296

Verroust, J., Neuilly: 281

Windstosser, L., Bavaria Verlag, Gauting (West Germany): 309

译后记

在历史上,巴洛克是欧洲艺术中最后一个伟大的艺术风格,巴洛克时代是文艺复兴之后又一次艺术繁盛时期,具有前所未有的多样性。16世纪到17世纪,科学方面的进步,特别是对宇宙、无限、系统和存在等观念的认识,对艺术和建筑领域产生了重要影响,为后来拉开现代建筑的序幕奠定了基础。

克里斯蒂安·诺伯格－舒尔茨先生从时间和地区的角度,全面分析阐述了巴洛克城市和建筑在欧洲各国的发展史,对巴洛克时代具有代表性的城市、教堂和宫殿别墅进行了深入细致的分析研究,结合西方哲学、宗教和建筑理论发展,总结出巴洛克系统多元化、系统化、开放与动态、集中与扩展等普遍基本特征,让读者对巴洛克时代活跃的建筑师及其作品有广泛而深入的了解。

克里斯蒂安·诺伯格－舒尔茨先生是世界著名的建筑历史与理论研究家,翻译他的著作对笔者来说是一种挑战。原书是从意大利文翻译成英文,再从英文转译成中文,因此笔者在翻译过程中,将直译和意译结合起来,尽量忠实于原文,又使其在文字上符合中文阅读习惯,具有可读性,并且力图使一些历史和理论概念能够易于理解。由于巴洛克建筑的历史涉及到欧洲的许多国家和地区,包括意大利、法国、西班牙、英国、荷兰、瑞典、丹麦、德国以及其他中欧和斯堪的纳维亚半岛国家,因此书中涉及的语言也较多,这无疑给翻译工作带来了一些困难,为了尽量反映和保留原书的特色,凡书中涉及到这些国家的语言均在翻译译文后用括号注明。其中的人名和地名译法,除了一些约定俗成的译名之外,其他全部参照中国对外翻译出版公司出版的《世界人名翻译大辞典》和中国大百科全书出版社出版的《世界地名录》。书中部分法语和意大利语等词汇的翻译,得到了清华大学建筑学院栗德祥教授和北京建筑工程学院建筑系汪礼清先生等人的指导帮助,特此致谢!

在本书的翻译过程中,得到了我的妻子彭卉女士的大力帮助和支持,在此深表谢意!

由于译者的水平所限,书中难免存在错误,敬请专家和读者指正。

刘念雄

1999年10月20日于南湖东园

版权登记图字：01-1998-2246 号

图书在版编目（CIP）数据

巴洛克建筑 /（挪）克里斯蒂安·诺伯格-舒尔茨（Schulz, C. N.）著；
刘念雄译. —北京：中国建筑工业出版社，1999
（世界建筑史丛书）
ISBN 978-7-112-03740-7

Ⅰ. 巴… Ⅱ.①舒… ②刘… Ⅲ.①古建筑，巴洛克式-建筑史-世界
②古建筑，巴洛克式-建筑物-简介 Ⅳ. TU-091.8

中国版本图书馆 CIP 数据核字（1999）第 11121 号

本书经意大利 Electa Editrice 出版公司正式授权本社在中国出版发行中文版
Baroque Architecture, History of World Architecture/Christian Norberg-Schulz

责任编辑：董苏华 张惠珍

世界建筑史丛书
巴洛克建筑
［挪］克里斯蒂安·诺伯格-舒尔茨 著
刘念雄 译
*
中国建筑工业出版社出版、发行（北京西郊百万庄）
各地新华书店、建筑书店经销
廊坊市海涛印刷有限公司印刷
*
开本：787×1092 毫米 1/12 印张：19
2000 年 2 月第一版 2015 年 1 月第三次印刷
定价：**66.00** 元
ISBN 978-7-112-03740-7
（17798）
版权所有 翻印必究
如有印装质量问题，可寄本社退换
（邮政编码 100037）
本社网址：http://www.cabp.com.cn
网上书店：http://www.china-building.com.cn